周期表

族周期	1	2	3	4	5	6	7	8	9	10	11	12	13	14	15	16	17	18
1	1 H 1.008																	2 He 4.003
2	3 Li 6.941	4 Be 9.											5 B 10.81	6 C 12.01	7 N 14.01	8 O 16.00	9 F 19.00	10 Ne 20.18
3	11 Na 22.99	12 2											13 Al 26.98	14 Si 28.09	15 P 30.97	16 S 32.07	17 Cl 35.45	18 Ar 39.95
4	19 K 39.10	20 4	21 1.	22 1.	23 V 50.94	24 Cr 52.00	25 Mn 54.94	26 Fe 55.85	27 Co 58.93	28 Ni 58.69	29 Cu 63.55	30 Zn 65.39	31 Ga 69.72	32 Ge 72.61	33 As 74.92	34 Se 78.96	35 Br 79.90	36 Kr 83.80
5	37 Rb 85.47	38 8	1.		41 Nb 92.91	42 Mo 95.94	43 Tc (98)	44 Ru 101.1	45 Rh 102.9	46 Pd 106.4	47 Ag 107.9	48 Cd 112.4	49 In 114.8	50 Sn 118.7	51 Sb 121.8	52 Te 127.6	53 I 126.9	54 Xe 131.3
6	55 Cs 132.9	56 1.	57 La 138.9	73 Ta 180.9		74 W 183.8	75 Re 186.2	76 Os 190.2	77 Ir 192.2	78 Pt 195.1	79 Au 197.0	80 Hg 200.6	81 Tl 204.4	82 Pb 207.2	83 Bi 209.0	84 Po (209)	85 At (210)	86 Rn (222)
7	87 Fr (223)	88 (2.	89 Ac (227)	105 Db (262)		106 Sg (263)	107 Bh (264)	108 Hs (269)	109 Mt (268)	110 Uun (269)	111 Uuu (272)	112 Uub (277)						

*ランタノイド

| 57
La
138.9 | 58
Ce
140.1 | 59
Pr
140.9 | 60
Nd
144.2 | 61
Pm
(145) | 62
Sm
150.4 | 63
Eu
152.0 | 64
Gd
157.3 | 65
Tb
158.9 | 66
Dy
162.5 | 67
Ho
164.9 | 68
Er
167.3 | 69
Tm
168.9 | 70
Yb
173.0 | 71
Lu
175.0 |

**アクチノイド

| 89
Ac
(227) | 90
Th
232.0 | 91
Pa
231.0 | 92
U
238.0 | 93
Np
(237) | 94
Pu
(244) | 95
Am
(243) | 96
Cm
(247) | 97
Bk
(247) | 98
Cf
(251) | 99
Es
(252) | 100
Fm
(257) | 101
Md
(258) | 102
No
(259) | 103
Lr
(260) |

(注) ここに与えた原子量は概略値である。
( ) 内の値はその元素の既知の最長半減期をもつ同位体の質量数である。

新・演習物質科学ライブラリ＝5

基礎 無機化学演習

花田 禎一 著

サイエンス社

サイエンス社のホームページのご案内
http://www.saiensu.co.jp
ご意見・ご要望は　rikei@saiensu.co.jp　まで.

はじめに

　無機化学の分野に限ったことではないが，学問の内容やその考え方をよりよく理解し，自分のものにしてゆくためには，教科書や参考書を何度も熟読することが重要であるが，加えて，演習を十分に行うことも大切である．自分で演習問題に取り組み，それを自力で解くことによって，学問分野への理解が進むだけでなく興味がわき，さらに理解が深まるという好循環が生まれる．その結果として，その学問分野を自分のものにすることができ，他の学問分野への応用も可能になる．

　本書は，多くの学生諸君に自学自習の習慣と無機化学の基本を身につけていただきたいと願って，既刊の『基礎 無機化学』に対応する演習書として書かれたものであるが，独立した演習書としても十分活用できるように配慮した．各章ごとに基礎となる重要な概念や項目について解説し，そのうえで，例題とその解答を示し，ついで問題を設けた．さらに，これらの問題に加えて，最終章のあとに総合演習問題を多数設け，理解を深めてもらうことを意図した．総合演習問題は各章の問題よりやや水準が高いが，いずれも重要な基礎的問題である．したがって，本書を利用するに当たっては，まず，各章について，解説を読んだのちに例題を解き，理解したうえで問題に取り組んでほしい．各章の問題は，いずれもきわめて基礎的な問題であるので，十分理解したうえで，総合演習問題に進んでほしい．各章ごとの問題や総合演習の問題には，諸君が独学で学習できるように，できる限り詳しい解答をつけた．

　もともと『基礎 無機化学』は，化学に少し興味をもちはじめている諸君や，今から本格的に化学の勉強を始めようとしている諸君，また無機化学以外の化学の分野を勉強している諸君に無機化学の一端を知っていただこうとの目的で書かれたものであるので，本書もその方針に沿って書いた．

はじめに

　本書が,『基礎 無機化学』と併用され，または単独で活用されることで，無機化学の分野に対する理解を深めるのに役立てられれば幸いである．

　終わりに，本書の企画，編集，出版にご尽力をいただきました株式会社サイエンス社の田島伸彦氏と鈴木綾子氏にこころよりお礼を申し上げます．

2007 年 12 月

花田　禎一

目　　次

第1章　原子の構造　　1

- **1.1** 原子の成り立ちと原子核の安定性 …………………………………… 1
  - 例題 1
- **1.2** シュレーディンガーの波動方程式と量子数 ……………………………… 3
  - 例題 2, 3
- **1.3** 水素原子のエネルギー準位とスペクトル ………………………………… 5
  - 例題 4, 5
- **1.4** 原子の電子配置と元素の周期的性質 ……………………………………… 7
  - 例題 6

第2章　化学結合　　9

- **2.1** 化学結合の種類 …………………………………………………………… 9
  - 例題 1
- **2.2** 原子価結合法と分子軌道法 ……………………………………………… 12
  - 例題 2
- **2.3** 混成軌道と分子の形 ……………………………………………………… 14
  - 例題 3, 4

第3章　固体の化学　　16

- **3.1** 結晶構造 …………………………………………………………………… 16
  - 例題 1, 2
- **3.2** 金属結晶とイオン結晶の構造 …………………………………………… 18
  - **3.2.1** 金属結晶の構造 …………………………………………………… 18
  - **3.2.2** イオン結晶の構造 ………………………………………………… 18
  - 例題 3, 4
- **3.3** 格子エネルギーとボルン-ハーバーサイクル ………………………… 22
  - 例題 5

第 4 章　酸 と 塩 基　　　25

4.1　酸・塩基の定義と強弱 ……………………………… 25
4.1.1　酸・塩基の定義 ……………………………… 25
4.1.2　酸・塩基の強弱 ……………………………… 26
例題 1

4.2　pH と水溶液中の水素イオン濃度 ………………… 28
4.2.1　pH …………………………………………… 28
4.2.2　水素イオン濃度 ……………………………… 28
例題 2

第 5 章　酸化と還元　　　31

5.1　酸化・還元反応と電池 ………………………………… 31
5.1.1　酸化数と酸化・還元反応 …………………… 31
5.1.2　電池の起電力 ………………………………… 31
5.1.3　標準電極電位 ………………………………… 32
5.1.4　ネルンストの式とその応用 ………………… 32
例題 1

5.2　電 気 分 解 ……………………………………………… 34
例題 2

第 6 章　典型元素の化学　　　36

6.1　1, 2 族, 12 族および 13〜18 族元素 ………………… 36
例題 1

第 7 章　遷移元素の化学　　　39

7.1　4〜11 族元素 …………………………………………… 39
例題 1

7.2　希土類元素とアクチノイド元素 …………………… 41
例題 2

第 8 章　錯体の化学　　43

8.1　錯体の命名法と立体配置 43
8.1.1　錯体の命名法 43
8.1.2　錯体の立体配置 44
　　例題 1
8.2　錯体における結合理論 46
8.2.1　d 軌道の分裂 46
8.2.2　高スピン状態と低スピン状態 46
　　例題 2
8.3　錯体の電子スペクトルと磁気モーメント 48
8.3.1　錯体の電子スペクトル 48
8.3.2　錯体の磁気モーメント 48
　　例題 3
8.4　錯体の安定度と反応 50
8.4.1　錯体の安定度 50
8.4.2　錯体の反応 50
　　例題 4

総合演習問題　　52

問題解答　　65

- 1 章の問題解答 65
- 2 章の問題解答 69
- 3 章の問題解答 73
- 4 章の問題解答 77
- 5 章の問題解答 81
- 6 章の問題解答 83
- 7 章の問題解答 84
- 8 章の問題解答 86
- 総合演習問題の解答 88

目　次

索　引 125

1 原子の構造

1.1 原子の成り立ちと原子核の安定性

- **原子の成り立ち** 原子は物質を構成している基本粒子で，原子核と電子から成り立っており電気的に中性である．原子核は陽子と中性子からできており，これらを総称して核子という．陽子1個は電気素量 e の正電荷をもつが中性子は電荷をもたないため，原子核の正電荷は陽子の数によって決まる．陽子の質量と中性子の質量はほぼ等しく，電子の質量はこれらの質量の約 1/1840 であるので，原子の質量は陽子と中性子の数でおおよそ決まる．陽子の数は元素固有のもので元素の種類を決定し，この数値が原子番号である．陽子の数と中性子の数の和は質量数とよばれる．原子核の構成は，元素記号の左下に原子番号を，左上に質量数を付記して表される．たとえば，原子番号 13，質量数 27 のアルミニウムは，$^{27}_{13}\text{Al}$ のように書く．原子番号が同じで質量数が異なる原子は，たがいに同位体であるという．

- **原子質量単位と元素の原子量** 質量数 12 の炭素の同位体 ^{12}C の原子 1 個の質量の 1/12 ($= 1.66054 \times 10^{-27}$ kg) を原子質量単位 (u あるいは amu) と定義し，これを原子や原子核の質量を表す単位として用いることがある．原子量は，原子質量単位で示される相対的な値（原子質量）であって，原子のもっている絶対的な質量ではない．同位体をもつ元素の場合は，存在比を考慮した平均原子質量がその元素の原子量である．

- **原子核の安定性** 陽子の質量と中性子の質量の和から原子核の質量を差し引いた差を質量欠損という．陽子の質量を M_p，中性子の質量を M_n とし，原子核 ^A_ZX の質量を M_x とすると，質量欠損 ΔM は

$$\Delta M = \left\{ Z \times M_\text{p} + (A - Z) M_\text{n} \right\} - M_\text{x} \tag{1.1}$$

で与えられる．ΔM の値に相当するエネルギー BE は相対性理論より

$$BE = \Delta M \times c^2 \tag{1.2}$$

となる．ここで，c は真空中の光速度で，$2.9979 \times 10^8 \,\text{m s}^{-1}$ である．この BE を核の結合エネルギーといい，Z 個の陽子と $(A - Z)$ 個の中性子から核が形成されるときに放出されるエネルギーに対応する．BE を質量数 A で除した値は核子 1 個当たりの平均結合エネルギーであり，この平均結合エネルギーが大きいほど核は安定となる．

1 原子の構造

―― 例題 1 ――

次の表を完成せよ．

原子核	原子番号	陽子数	中性子数	質量数
$^{25}_{12}\text{Mg}$	(a)	(b)	(c)	(d)
(e)	(f)	5	10	(g)
$_{49}\text{In}$	(h)	(i)	(j)	115
^{206}Pb	82	(k)	(l)	(m)

[解答] 原子核の構成は，元素記号の左下に原子番号を，左上に質量数を付記して表される．また，陽子の数の数値が原子番号，陽子の数と中性子の数の和が質量数である．したがって

原子核	原子番号	陽子数	中性子数	質量数
$^{25}_{12}\text{Mg}$	12	12	13	25
$^{10}_{5}\text{B}$	5	5	10	15
$_{49}\text{In}$	49	49	66	115
^{206}Pb	82	82	124	206

である．原子番号 5 はホウ素 B であるので，(e) は $^{10}_{5}\text{B}$ である．

問 題

1.1 1 u に相当するエネルギーは何 J か．また，それは何 eV か．

1.2 自然に存在するルビジウム Rb には同位体が 2 種類ある．それらの存在比および原子質量は次のようである．ルビジウムの原子量を求めよ．

同位体	存在比 (%)	原子質量 (u)
^{85}Rb	72.15	84.91
^{87}Rb	27.85	86.91

1.3 原子番号 18 のアルゴン Ar と原子番号 19 のカリウム K の原子量はそれぞれ 39.95 と 39.10 で，K の原子量の方が小さい．その理由を説明せよ．

1.4 酸素原子核 $^{16}_{8}\text{O}$ の質量は 26.5602×10^{-27} kg である．核の平均結合エネルギーは何 MeV か．ただし，陽子と中性子の質量はそれぞれ 1.6726×10^{-27} kg, 1.6749×10^{-27} kg である．

[補足] 核の平均結合エネルギー $^{56}_{26}\text{Fe}$ 付近で最大となる．したがって，これより小さい原子核は融合した方が，また，大きい原子核は分裂した方が安定する．

1.2 シュレーディンガーの波動方程式と量子数

● **ド・ブロイ波** ● ド・ブロイ (de Broglie) は物質は粒子と波動の性質をもっているとして，速度 v で運動している質量 m の粒子は波長 λ をもつ波動であるとした．この粒子がもつ波は，ド・ブロイ波または物質波とよばれ，λ をド・ブロイ波長という．

$$\lambda = \frac{h}{mv} \tag{1.3}$$

ここで，h はプランク (Planck) 定数 (6.6261×10^{-34} J s) である．

● **シュレーディンガーの波動方程式** ● 1926 年にシュレーディンガー (Schrödinger) は，電子のような粒子の振る舞いを記述する式として，粒子の波動性と粒子性の両方を取り入れたシュレーディンガーの波動方程式とよばれる式を提出した．

$$\frac{\partial^2 \psi(x,y,z)}{\partial x^2} + \frac{\partial^2 \psi(x,y,z)}{\partial y^2} + \frac{\partial^2 \psi(x,y,z)}{\partial z^2} + \frac{8\pi^2 m(E-U)\psi(x,y,z)}{h^2} = 0 \tag{1.4}$$

ここで，$\psi(x,y,z)$ は波動関数，E は系の全エネルギー，U はポテンシャルエネルギーである．波動関数はそれ自身明確な物理的意味をもたないが，波動関数を 2 乗したものは，点 (x,y,z) を含む微小体積 $dxdydz$ 内に電子を見いだす確率すなわち存在確率を表す．つまり，存在確率は $|\psi(x,y,z)|^2 dxdydz$ に比例する．

● **量子数** ● 原子内の電子の状態は，主量子数 (n)，方位量子数 (l)，磁気量子数 (m)，スピン量子数 (s) の 4 つの量子数で記述される．

主量子数 (n)：正の整数をとり，軌道の空間的広がり（電子の存在確率が高い空間体積を軌道とよぶ）を規定する．同じ n の値をもつ電子は同じ電子殻に属するとして，n の値 1, 2, 3, 4, 5, 6, $\cdots$ に対して，電子殻の記号 K, L, M, N, O, P, $\cdots$ が付けられている．

方位量子数 (l)：0, 1, 2, 3, $\cdots$, $(n-1)$ の整数をとり，軌道の角運動量を規定する．l の値 0, 1, 2, 3, $\cdots$ に対して，s, p, d, f, $\cdots$ の符号が付けられている．

磁気量子数 (m)：$-l, -(l-1), \cdots, -1, 0, 1, \cdots, (l-1), l$ の整数をとり，角運動量の方向を規定する．与えられた方位量子数 l の値に対し $(2l+1)$ 個存在する．磁場が存在しない場合には n と l とで決められる電子のエネルギー状態が，磁場がかかるとベクトルの方向の傾きの違いにより $(2l+1)$ 個のエネルギー状態に分裂する．磁場が存在しない場合のエネルギー状態は $(2l+1)$ 重に縮退あるいは縮重しているという．

スピン量子数 (s)：$+1/2, -1/2$ の値をとり，電子の自転の角運動量を規定する．↑および↓の記号で表示されることも多い．

例題 2

速度 $2.50 \times 10^6 \,\mathrm{m\,s^{-1}}$ で運動する電子のド・ブロイ波長を計算せよ．ただし，電子の質量は $9.109 \times 10^{-31}\,\mathrm{kg}$ とする．

[解答] 式 (1.3) に，$m = 9.109 \times 10^{-31}\,\mathrm{kg}$, $v = 2.50 \times 10^6\,\mathrm{m\,s^{-1}}$, $h = 6.6261 \times 10^{-34}\,\mathrm{J\,s}$ を代入して $\lambda = \dfrac{6.6261 \times 10^{-34}\,(\mathrm{J\,s})}{9.109 \times 10^{-31}\,(\mathrm{kg}) \times 2.50 \times 10^6\,(\mathrm{m\,s^{-1}})} = 2.91 \times 10^{-10}\,(\mathrm{J\,s^2\,kg^{-1}\,m^{-1}})$. いま，$1\,\mathrm{J} = 1\,\mathrm{N\,m} = 1\,\mathrm{kg(m\,s^{-2})\,m}$ であるので，ド・ブロイ波長は $2.91 \times 10^{-10}\,\mathrm{m} = 0.291\,\mathrm{nm}$.

例題 3

主量子数 n の電子殻に存在する電子の状態はいくつあるか．

[解答] 方位量子数 l は主量子数 n に対して n 個，磁気量子数 m は方位量子数 l に対して $(2l+1)$ 個存在する．したがって，スピン量子数を考慮しなければ，主量子数 n の殻には電子の状態が $\displaystyle\sum_{l=0}^{n-1}(2l+1) = n^2$ 個存在することになる．スピン量子数を考慮すると，$s = 1/2, -1/2$ であるので，最終的に主量子数 n の殻に存在する電子の状態は $2n^2$ 個．

n	l	m	s	組み合わせの数	状態の数
1	0	0	$+1/2, -1/2$	2	2
2	0	0	$+1/2, -1/2$	2	8
	1	$-1, 0, +1$	$+1/2, -1/2$	6	
3	0	0	$+1/2, -1/2$	2	18
	1	-1	$+1/2, -1/2$	6	
	2	$-2, -1, 0, +1, +2$	$+1/2, -1/2$	10	
4	0	0	$+1/2, -1/2$	2	32
	1	-1	$+1/2, -1/2$	6	
	2	$-2, -1, 0, +1, +2$	$+1/2, -1/2$	10	
	3	$-3, -2, -1, 0, +1, +2, +3$	$+1/2, -1/2$	14	

問 題

1.5 次の原子軌道の形をそれぞれ描け．

$$1\mathrm{s},\ 2\mathrm{p}_x,\ 2\mathrm{p}_y,\ 2\mathrm{p}_z,\ 3\mathrm{d}_{xy},\ 3\mathrm{d}_{yz},\ 3\mathrm{d}_{zx},\ 3\mathrm{d}_{z^2},\ 3\mathrm{d}_{x^2-y^2}$$

1.6 水素原子の電子の 1s 波動関数 $\psi_{1\mathrm{s}}$ を，$\psi_{1\mathrm{s}} = (1/\pi)(1/a_0)^{3/2}e^{-r/a_0}$（$a_0$ はボーア (Bohr) 半径）で表すとき，その動径分布関数 $(4\pi r^2 \{\psi_{1\mathrm{s}}\}^2)$ が極大を示すときの r を求めよ．

1.7 ボーア半径 $a_0 = 5.29\,\mathrm{nm}$ を用いて，基底状態にある水素原子の電子の運動エネルギーを計算し，電子の速度を求めよ．

1.8 幅 $5.0\,\mathrm{nm}$ の 1 次元井戸型ポテンシャル内にある電子の $n = 1, 2, 3$ のレベルのエネルギーはそれぞれ何 eV か．

1.3 水素原子のエネルギー準位とスペクトル

● **水素原子のエネルギー準位**　水素原子についてのシュレーディンガーの波動方程式を解いてエネルギー E を求める．水素原子核の電荷は $+e$ であるが，一般に原子核の電荷は，原子番号を Z とすると $+Ze$ であるので，この原子核と電子1個の系（この系を水素類似原子とよぶ）のエネルギー E を求めておく方が一般的である．水素類似原子の E を求めると

$$E_n = -\frac{2\pi^2 m Z^2 e^4}{(4\pi\varepsilon_0)^2 h^2 n^2} \tag{1.5}$$

が得られる．ここで，m と e は電子の質量と電荷，h はプランク定数，ε_0 は真空の誘電率 ($8.8542 \times 10^{-12}\,\mathrm{F\,m^{-1}}\,(\mathrm{J^{-1}\,C^2\,m^{-1}})$) である．水素原子のエネルギーは主量子数 n のみで決まり，n^2 に反比例する飛び飛びの値であることがわかる．n が ∞ のとき（これは，電子が原子の外側にある状態に対応），$E = 0$ となり，この状態をエネルギーの基準にとっており，n が小さいほどエネルギーは低い．

● **水素原子のスペクトル**　放電管に少しの水素ガスを入れて放電すると発光する．この光を分光して得られる線スペクトルは原子スペクトルとよばれ，原子特有なものである．この発光は，陰極線によりエネルギー的に励起された水素原子が低いエネルギー状態に移行するときにエネルギーを放出するために現れる．主量子数 n_2 で決められるエネルギーの高い状態を E_{n_2}，主量子数 n_1 で決められる低い状態を E_{n_1} とすると，その間の状態遷移により放射される光の振動数 ν は

$$h\nu = E_{n_2} - E_{n_1} \tag{1.6}$$

で与えられる．振動数 ν は，波長 λ，光速度 c と次の関係がある．

$$\lambda = c/\nu \tag{1.7}$$

式 (1.5), (1.6), (1.7) から，放射される光の波長 λ は，$Z = 1$ として

$$\frac{1}{\lambda} = \frac{2\pi^2 m e^4}{(4\pi\varepsilon_0)^2 h^3 c} \left\{ \left(\frac{1}{n_1}\right)^2 - \left(\frac{1}{n_2}\right)^2 \right\} \tag{1.8}$$

で与えられる．式 (1.8) の定数部 $2\pi^2 m e^4/((4\pi\varepsilon_0)^2 h^3 c)$ は $1.0974 \times 10^7\,(\mathrm{m^{-1}})$ と計算され，これはリュードベリ (Rydberg) 定数 R_∞ とよばれる．リュードベリ定数 R_∞ を用いて式 (1.8) を書き直すと，原子スペクトルの波長は次のようになる．

$$\frac{1}{\lambda} = R_\infty \left\{ \left(\frac{1}{n_1}\right)^2 - \left(\frac{1}{n_2}\right)^2 \right\} \tag{1.9}$$

---例題 4---

水素原子において，$n=4$ と $n=2$ の軌道のエネルギー差に対応する光の波長を求めよ．

[解答] 式 (1.9) に $n_1=2$, $n_2=4$ を代入し，リュードベリ定数 R_∞ を用いて $1/\lambda$ を求めると

$$\frac{1}{\lambda} = 1.0974 \times 10^7 \times \left(\frac{1}{4} - \frac{1}{16}\right) = 2.0576 \times 10^6 \,(\text{m}^{-1})$$

となる．したがって，求める波長は，$4.860 \times 10^{-7}\,\text{m} = 486.0\,\text{nm}$ になる．

---例題 5---

$_3\text{Li}^{2+}$ イオンのスペクトルのうち，$n=3$ から $n=1$ の状態に遷移するときに放射される光の波長を求めよ．

[解答] $_3\text{Li}^{2+}$ イオンのスペクトルは水素のスペクトルと同様に取り扱うことができるので，式 (1.5) において $Z=3$ とおき，式 (1.6), (1.7)，リュードベリ定数 R_∞ から光の波長 λ を求める．

$$\frac{1}{\lambda} = 9 \times 1.0974 \times 10^7 \times \left(1 - \frac{1}{9}\right) = 8.779 \times 10^7 \,(\text{m}^{-1})$$

したがって，求める波長は，$1.139 \times 10^{-8}\,\text{m} = 11.39\,\text{nm}$ である．

問 題

1.9 問題 1.8 において，電子が $n=3$ から $n=1$ へ遷移するときに放射される光の波長を求めよ．

1.10 水素原子の電子が無限遠に離れたとき水素原子はイオンになる．したがって，水素原子をイオン化するのに必要なエネルギーは，n が ∞ のときのエネルギー E_∞ と $n=1$ の軌道のエネルギー E_1 とのエネルギー差で与えられる．このとき，水素原子がイオン化するのに必要なエネルギー (eV) を求めよ．

1.4 原子の電子配置と元素の周期的性質

● **原子の電子配置** ● 原子の電子配置（軌道への電子の詰まり方）は

(1) 軌道のエネルギー準位の低い軌道から電子が入る．
(2) 1つの原子中では，4つの量子数で決められる電子状態には1個より多くの電子が入ることはできない．(パウリ (Pauli) の排他律)
(3) 縮重した軌道に電子が入る場合，別々の軌道にスピン量子数の値を同じにして入る．(フント (Hund) の規則)

によって決められる．軌道のエネルギー準位を，エネルギーの低い方から並べると

$$1s, \ 2s, \ 2p, \ 3s, \ 3p, \ 4s, \ 3d, \ 4p, \ 5s, \ 4d, \ 5p, \ 6s, \ 4f, \ 5d, \ 6p$$

の順となる．たとえば，$_7$N の電子配置は，$(1s)^2 (2s)^2 (2p)^3$ であり，2p では $2p_x, 2p_y, 2p_z$ と3つに縮重した軌道に，フントの規則によって次のように電子が入る．

$2p_x$　$2p_y$　$2p_z$
 ↑ 　　 ↑ 　　 ↑

● **イオン化ポテンシャル** ● 原子から電子を奪い去ると陽イオンになる．このイオン化に要するエネルギーが**イオン化ポテンシャル**であり，原子の安定度の尺度となる．

最外殻の電子1個を奪い去るのに要するエネルギーは，**第1イオン化ポテンシャル**といい，電子を次々に奪い去るのに要するエネルギーに対応して，**第2，第3イオン化ポテンシャル**という．イオン化ポテンシャルの値は，同じ周期内では原子番号が増加するにつれて高くなり，1族元素が最も低く，18族元素が最も高い．しかし，必ずしも原子番号に対して単調に増大するわけではない．また，同じ周期の遷移元素群では，それぞれの値はあまり変わらない．一方，同じ族の元素を比較すると，原子番号が大きいほど小さい値になる．

● **電気陰性度** ● 電気陰性度は原子が化学結合をつくるときに自身に電子を引き付ける能力を数値化したものである．同じ周期の元素群ではアルカリ金属の電気陰性度が最も小さい．同族では，周期表の下側にいくほど小さい値になる．

● **電子親和力** ● 電子親和力は真空中で無限に離れていた中性原子と電子とが接近して結合する際に放出されるエネルギーであり，陰イオンから電子を引き離すのに要するエネルギーに等しい．電子親和力が正であれば真空中で陰イオンは安定であり，負であれば不安定ということである．同じ周期では周期表の右側の元素ほど大きな電子親和力をもち，同じ族では下側の元素ほど小さな値となる傾向がある．17族元素群は大きな正の値をもち，これは陰イオンを形成しやすいことを意味している．

例題 6

$_{13}$Al, $_{14}$Si, $_{15}$P の最も安定な電子配置を，下の例にならって書け．

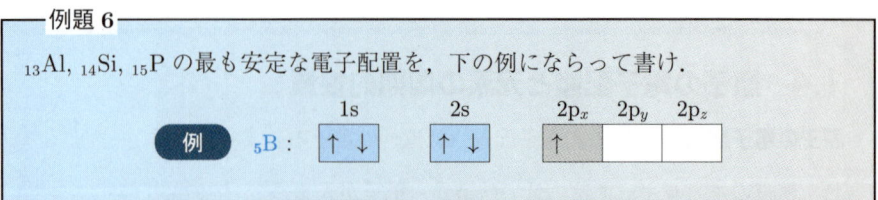

[解答] 原子番号 13 のアルミニウム Al，原子番号 14 のケイ素 Si，原子番号 15 のリン P が有する電子数は，それぞれ 13, 14, 15 である．この電子をエネルギー準位の低い軌道から，パウリの排他律，フントの規則に従って入れていく．

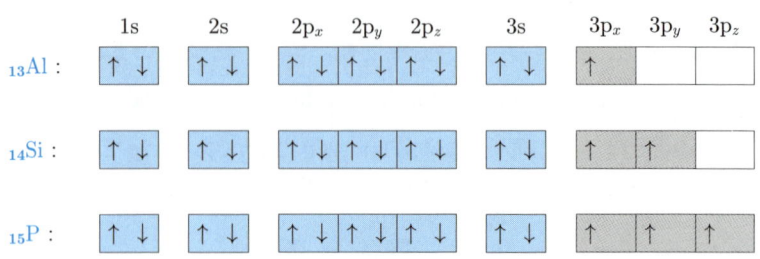

[補足] Al, Si, P では，最も外側の占有されている電子殻の主量子数 n がいずれも 3 であるので，これらは周期表の同じ第 3 周期に属する．第 1 イオン化ポテンシャルや電子親和力の大きさは，同一周期の中では原子番号の増加とともに増大するが，細かくみると単調には増加していない．Al, Si, P では，それらの大きさは，第 1 イオン化ポテンシャルは Al < Si < P，電子親和力は Al < P < Si の順序となる．電子親和力は 1 価の陰イオンのイオン化ポテンシャルに等しいもので，それぞれの 1 価の陰イオンの電子配置を書いてみよ．例題 6 の解答の電子配置と比較すれば，2 つの順序の違いはうなずける．

〜〜〜 **問　題** 〜〜〜

1.11 原子番号 8, 19, 24, 32, 56 の元素の電子配置を示し，これらの配置よりそれぞれの元素が周期表のどの族に属するか推定せよ．

1.12 第 1 イオン化ポテンシャルの値は，同じ周期内では原子番号が増加するにつれてイオン化エネルギーは高くなり，1 族元素が最も低く，18 族元素が最も高い値を示す．この理由を，第 2 周期を例に引いて考えよ．

1.13 He^+, Li^{2+} の第 1 イオン化エネルギーをそれぞれ求めよ．

2 化学結合

2.1 化学結合の種類

- **イオン結合** 2個の原子間で電子の授受が行われることにより陽イオンと陰イオンが生じ，これらのイオンが静電的な引力によって結合しているとき，この結合をイオン結合という．イオン結合は電気陰性度の差が大きい原子の間で，また，イオン化ポテンシャルが小さい原子と電子親和力の大きな原子の間で形成されやすい．

- **共有結合** 等核2原子分子では，2つの原子間には電気陰性度，イオン化ポテンシャル，電子親和力の差はない．このような場合，各原子が電子を出し合って1組あるいはそれ以上の電子を共有することにより結合が形成される．この結合を共有結合という．共有結合を説明・解釈する理論には，ルイス (Lewis) とラングミュア (Langmuir) によるオクテット説（八隅説あるいは原子価理論ともいう）やハイトラー (Heitler) とロンドン (London) による原子価結合法，分子軌道法などがある．

- **結合の極性** 異なる原子どうしが共有結合をつくった場合，それらの原子の電子を引きつける力が異なるため電荷の偏りが生じる，すなわち分極が起こる．電荷の偏りを $+\delta$ と $-\delta$ とし，電荷の重心を結ぶ距離を r とすると，その結合は双極子モーメント μ をもつ．

$$\mu = \delta \boldsymbol{r} \tag{2.1}$$

双極子モーメントの単位はデバイ（debye, D）が用いられる．1D とは 3.33564×10^{-30} C m である．分子全体の双極子モーメントは個々の結合の双極子モーメントのベクトル和で，それがゼロでないものを極性分子とよぶ．たとえば，塩化ベリリウム $BeCl_2$ 分子の双極子モーメントはゼロであり，このことは，$BeCl_2$ は sp 混成軌道を使って等価な Be-Cl 結合が直線状に2つ並んだ構造であることに対応する．双極子モーメントは分子の形と密接な関係があるので，双極子モーメント測定は構造を知るための有力な手段となっている．

- **共有結合のイオン性** 異なる原子どうしの共有結合における電荷の偏り δ から，結合のイオン性を見積もることができる．

$$\text{結合のイオン性 (\%)} = (\delta/e) \times 100 \tag{2.2}$$

ここで，e は電気素量 1.60×10^{-19} C である．

また，結合のイオン性を2つの原子の電気陰性度の差から見積もる方法も提案され

ている．2つの原子の電気陰性度をそれぞれ χ_A, χ_B とする．

ポーリング (Pauling) によると

$$結合のイオン性 (\%) = [1 - \exp\{-(\chi_A - \chi_B)^2/4\}] \times 100 \tag{2.3}$$

また，ハネイ (Hannay) とスミス (Smith) によると

$$結合のイオン性 (\%) = \{0.16|\chi_A - \chi_B| + 0.035(\chi_A - \chi_B)^2\} \times 100 \tag{2.4}$$

● **配位結合** ● 　共有結合は，結合する2つの原子がたがいに出し合った電子を共有することによってつくられる結合であるが，結合に関与する片方の原子のみが電子を出して，これをたがいの原子で共有して生じる結合がある．この結合を配位結合という．電子を供給するものを電子供与体とよび，電子を受け取るものを電子受容体とよぶ．配位結合は，電子供与体から電子受容体への矢印（→）で表される．

● **金属結合** ● 　金属元素の原子が集まって金属結晶をつくる場合の結合で，規則正しく配列した金属元素の陽イオンと，その間を自由に動き回っている電子（自由電子とよぶ）との間に働く静電引力がこの結合の主要な力である．金属結合には方向性がない．

● **ファンデルワールス結合** ● 　分子間に働く弱い引力で，この力の要素は主に次の3種類である．

> (1) 双極子モーメントをもつ分子どうしが近づくと両者の間には静電気的な引力が働く．この作用は温度が高くなると弱まる．（配向効果，双極子–双極子相互作用）
>
> (2) 双極子をもつ極性分子が極性をもたない分子（無極性分子）に近づくと無極性分子の電子雲を歪ませ双極子を誘起させるため，2つの分子間に引力が生じる．（誘起効果，双極子–誘起双極子相互作用）
>
> (3) 双極子モーメントをもたない分子間でも引力が働く．電子は絶えず動き回っているので瞬間的には正電荷の中心と負電荷の中心が一致しないで双極子モーメントをもつようになることがある．このようにして双極子モーメントをもつようになった分子が他の分子に近づいて双極子を誘起させる．この引力を分散力という．

● **水素結合** ● 　窒素 N，酸素 O，フッ素 F などの電気陰性度の大きい原子に結合した水素原子 H が，同じ分子内あるいは別の分子内にある電気陰性度の大きな原子と結びつくことがある．これを水素結合という．これは，水素原子が電気陰性度の大きな原子に結合すると結合電子対が電気陰性度の大きな方に引き寄せられ，その結果分極が生じるためである．水素結合の主要な要素は静電的な引力であるが，イオン結合ほど強くない．

2.1 化学結合の種類

例題 1

塩化水素 HCl の双極子モーメント値は 1.03 D, 原子間距離は 0.128 nm である. 結合のイオン性を調べよ. また, 電気陰性度を用いて求めた結合のイオン性と比較せよ. ただし, H, Cl の電気陰性度はおのおの 2.1, 3.0 である.

[解答] 式 (2.2) を使ってイオン性 (%) を見積もる. HCl の双極子モーメント μ は, $1\,\text{D} = 3.33564 \times 10^{-30}\,(\text{C m})$ であるから

$$\mu = 1.03 \times 3.33564 \times 10^{-30} = 3.44 \times 10^{-30}\,(\text{C m})$$

したがって, 電荷の偏り δ は式 (2.1) より

$$\delta = \frac{3.44 \times 10^{-30}}{1.28 \times 10^{-10}} = 2.69 \times 10^{-20}$$

電気素量 e は 1.60×10^{-19} C であるので, H–Cl 結合のイオン性 (%) は

$$\text{イオン性 (\%)} = \left(\frac{2.69 \times 10^{-20}}{1.60 \times 10^{-19}}\right) \times 100 = 16.8\,(\%)$$

と計算される.

電気陰性度から H–Cl 結合のイオン性 (%) を求める. ポーリングによる (式 (2.3)) と

$$\left[1 - \exp\left\{-\frac{(2.1 - 3.0)^2}{4}\right\}\right] \times 100 = 18\,(\%)$$

また, ハネイとスミスによる (式 (2.4)) と

$$\{0.16 \times |2.1 - 3.0| + 0.035 \times (2.1 - 3.0)^2\} \times 100 = 17\,(\%)$$

と計算される.

問題

2.1 エタノール C_2H_5OH とジメチルエーテル CH_3OCH_3 は分子式が同じであるが, 沸点はそれぞれ 78.3 ℃, −24.9 ℃ で大きく異なる. また, エタノールは任意の割合で水に溶解するが, 1-ブタノール $CH_3(CH_2)_3OH$ は少量溶ける程度である. これらの理由を説明せよ.

2.2 二酸化炭素 CO_2 の双極子モーメントはゼロである. 二酸化炭素の構造を推察せよ.

2.3 硫化水素 H_2S 分子の双極子モーメントは 0.95 D, 結合角 ∠HSH は 92° である. S–H 結合の双極子モーメント (C m) を計算せよ.

2.4 次の (a), (b) において, 共有結合性の含まれる割合が大きい順に並べよ.
(a) $BeCl_2$, $MgCl_2$, $CaCl_2$ (b) $NaCl$, $MgCl_2$, $AlCl_3$

2.2 原子価結合法と分子軌道法

● 原子価結合法 ● 水素分子では，2つの水素原子が電子を共有することによって安定化し，分子をつくっている．原子価結合法（VB 法）（原子軌道法（AO 法）ともよばれる）は，このようにして分子が形成される機構を，電子がそれぞれの原子に属しているとしてそれら原子の波動関数を組み合わせて分子の波動関数をつくり，それを解くというものである．

● 分子軌道法 ● 分子中の電子を，それぞれの原子に属さず分子全体で担うとして共有結合の機構を説明する方法が分子軌道法（MO 法）とよばれるものである．この方法では，分子を形成している原子の核を平衡位置におき，これらの核の電場の中におかれた電子がもつ波動関数を求める．この波動関数を分子軌道と名づけ，分子軌道に，原子の場合と同様に，パウリの排他律，フントの規則等を考慮しながら電子を入れていき分子を組み立てる．この方法を等核二原子分子である水素分子に適用してみる．水素分子を構成する 2 個の水素原子 a, b の 1s 軌道をそれぞれ $\psi a1s$，$\psi b1s$ とすると，原子軌道の一次結合には 2 通りがあるので，水素の分子軌道は，規格化定数を 1 として簡潔化すると，次式の ψ と ψ^* で与えられる．

$$\psi = \psi a1s + \psi b1s$$
$$\psi^* = \psi a1s - \psi b1s \tag{2.5}$$

各軌道についてエネルギーを求めると，ψ 軌道のエネルギーは水素原子 1s 軌道のエネルギーより低く，ψ^* 軌道では高くなる．ψ のような軌道を結合性軌道，ψ^* のような軌道を反結合性軌道とよぶ．また，結合軸（2つの原子核を結ぶ軸）に関して対称な分子軌道は σ 軌道とよび，分子軌道 ψ を $\sigma 1s$ 軌道，ψ^* を $\sigma^* 1s$ 軌道という．2s の原子軌道を使ってできる分子軌道は，1s の場合と同様で，$\sigma 2s$ と $\sigma^* 2s$ である．2p 原子軌道どうしでは，z 軸上に結合軸があるとした場合，2つの原子の $2p_z$ 軌道から $\sigma 2p_z$ および $\sigma^* 2p_z$ の分子軌道が，結合軸に直角な $2p_x, 2p_y$ 軌道からは，それぞれ $\pi 2p_x$ と $\pi^* 2p_x$ 軌道，$\pi 2p_y$ と $\pi^* 2p_y$ 軌道ができる．π 軌道とは，電子分布が結合軸に対して対称ではなく節面（電子密度が 0 の面）が 1 つ存在する軌道をいう．

等核二原子分子の分子軌道をエネルギー準位の順に並べる．

$$\sigma 1s < \sigma^* 1s < \sigma 2s < \sigma^* 2s < \sigma 2p_z < \pi 2p_x = \pi 2p_y < \pi^* 2p_x = \pi^* 2p_y < \sigma^* 2p_z \tag{2.6}$$

分子によっては，2p 軌道からつくられる σ 軌道と π 軌道でエネルギー準位が逆転することがある．電子はエネルギー準位の低い分子軌道から順に入っていく．

例題 2

酸素分子 O_2 の分子軌道における電子配置を例にならって書け．ただし，酸素分子でのエネルギー準位は式 (2.6) に従う．

例　B_2 :
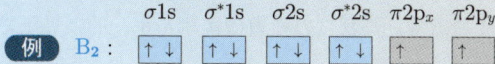

解答　酸素原子の電子配置を以下に示す．

O :
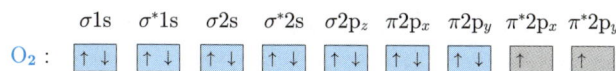

酸素原子は $1s^2\,2s^2\,2p^4$ の電子配置を有するので，酸素分子の分子軌道における電子配置は，2 つの酸素原子軌道から形成される分子軌道のエネルギー準位の低い順にパウリの排他律，フントの規則にしたがって 16 個の電子を入れていけば得られる．

O_2 :

問題

2.5 He_2, He_2^{2+} は存在し得るか．分子軌道の立場から推論せよ．

2.6 次の (a), (b) の組の中で，結合エネルギーの大きい方はどちらか．
(a) F_2, F_2^+
(b) B_2, B_2^+

2.7 分子軌道を用いて，N_2 と N_2^+ とでは結合距離はどちらが長いか考えよ．また，O_2^+, O_2, O_2^- の結合距離の長短の順についてはどうか．

2.8 原子価結合法で考えるとアンモニア NH_3 分子はどのような形と予想されるか．予想した構造における ∠HNH とその実測値 106.75° との違いはどのように説明されるか．

2.9 原子価結合法において，2 個の水素原子が近づいてきて水素分子をつくるとき，2 個の正に帯電した原子核と 2 個の負に帯電した電子からなる系のポテンシャルエネルギーはどのような式で表されるか．

2.3 混成軌道と分子の形

- **sp 混成軌道** 1つの原子に属するs軌道とp軌道が1:1の割合で混成してつくる新しい2個の混成軌道で，これらの軌道はエネルギー的に等価で，たがいに180°の角度をなす．

- **sp^2 混成軌道** 1つの原子に属するs軌道と2個のp軌道の混成によって3個のsp^2混成軌道がつくられる．これらの軌道はエネルギー的に等価で同一平面内にあり，たがいに120°の角度をなす．

- **sp^3 混成軌道** 1つの原子に属する1個のs軌道と3個のp軌道が混成して4個の混成軌道をつくる．これらの混成軌道は，正4面体の中心から頂点に向かうたがいに109°28′の角度をなす等価なものである．

- **その他の混成軌道** d軌道が関与した混成軌道としては，dsp^2, dsp^3, d^2sp^3 混成軌道などがある．dsp^2 混成軌道は，d軌道1個，s軌道1個およびp軌道2個で形成される4個の等価な軌道で，それらは正方形の中心から頂点に向かう．$[Cu(NH_3)_4]^{2+}$ 錯イオンはこの結合様式である．dsp^3 混成軌道は，1個のd軌道，1個のs軌道および3個のp軌道で形成され，5個の軌道は等価ではなく，3個の等価な軌道と互いに向きが逆の等価な1対の軌道から構成される．PCl_5分子や$[CuCl_5]^{3-}$などがこの結合様式である．d^2sp^3 混成軌道および sp^3d^2 混成軌道は，d軌道2個，s軌道1個およびp軌道3個で形成される6個の等価な軌道で，それらは正八面体の各頂点に向かう．SF_6分子や$[Co(NH_3)_6]^{3+}$錯イオンはd^2sp^3混成，$[CoF_6]^{3-}$錯イオンはsp^3d^2混成の結合様式である．

- **σ 結合とπ 結合** 二重結合をもつエチレン $CH_2=CH_2$ では炭素原子はsp^2混成軌道をとっている．このような炭素原子が2個近づくと，たがいのsp^2混成軌道に属している電子間で電子対をつくり炭素間にσ結合ができる．一方，$2p_z$軌道に残った電子は，$2p_z$軌道が側面で重なり合ってできる分子軌道に入り炭素間にπ結合を生じる．したがって，エチレンの炭素間の二重結合は1本がσ結合，もう1本がπ結合で構成されている．

　三重結合をもつアセチレン CH≡CH では，炭素原子は sp 混成軌道をつくっている．$2p_y, 2p_z$軌道は，この混成軌道に垂直で混成に関与しないで残っている．この場合sp混成軌道に属している電子間でσ結合が生じ，$2p_y, 2p_z$軌道に残った電子でπ結合を生じる．したがって，アセチレンの炭素間の三重結合は1本がσ結合，2本がπ結合で構成されている．π結合の重なりはσ結合のそれより小さいため，π結合による結合エネルギーはσ結合のそれに比べて低い．

2.3 混成軌道と分子の形

---**例題 3**---

sp³ 混成軌道が，たがいに 109°28′ の角度をなすことを示せ．

[解答] sp³ 混成軌道は，正 4 面体の中心から頂点に向かう等価なものであるので，下図の立方体において，中心 O から頂点 A, C, F, H に向かう軌道と考えられる．

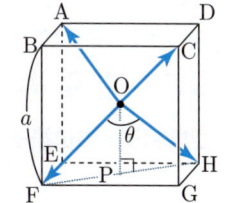

O から FH に下した垂線を OP とし，立方体の 1 辺の長さを a とすると，$\overline{OP} = a/2$, $\overline{PH} = \sqrt{2}a/2$ であるので，$\tan(\theta/2) = \sqrt{2}$ となる．これより，$\theta = 109.47°$．ゆえに，sp³ 混成軌道がたがいになす角度は，109°28′ である．

---**例題 4**---

$_4$Be の基底状態，励起状態（昇位した状態），混成状態の電子配置を示せ．

[解答] $_4$Be には電子が 4 つあるので，それぞれの電子配置は以下のようになる．

	1s	2s	2p$_x$	2p$_y$	2p$_z$
$_4$Be の基底状態 :	↑↓	↑↓			
$_4$Be の励起状態 :	↑↓	↑	↑		
$_4$Be の混成状態 :	↑↓	↑	↑		

sp 混成

[補足] 励起状態（昇位した状態）とは，結合を形成するために原子の電子配置が変化した状態をいう．

問題

2.10 例題 4 にならって，$_5$B, $_6$C の基底状態，励起状態，混成状態の電子配置を示せ．また，sp, sp², sp³ 混成軌道の概形を描け．

2.11 次のイオン (a), (b) の形を推定せよ．
 (a) NH_4^+ (b) BF_4^-

2.12 ホルムアルデヒド HCHO の結合様式について説明せよ．

3 固体の化学

3.1 結晶構造

● **空間格子・単位格子・結晶系** ● 固体は，それを構成する原子，分子あるいはイオンの並び方によって，(1) それらが広い範囲で規則的に，一定の周期で配列する結晶質固体，(2) それらの並び方に周期性や広い範囲での規則性がない非晶質（アモルファス）固体の2つに分けられる．

結晶は原子，分子あるいはイオンが三次元空間に周期的かつ規則的に配列している．これらを点とみなすと点の集まりを空間格子，点を格子点という．空間格子の最小の構造の単位を単位格子 (unit cell) といい，大きさや形は，ベクトル a, b, c の大きさ a, b, c と，b と c，c と a，a と b の間の角 α, β, γ の格子定数とよばれる6個の定数によって特徴づけられる．a, b, c の比を軸率，α, β, γ を軸角という．単位格子は，軸率と軸角の組み合わせから，立方，正方，斜方，六方，三方，単斜，三斜の7種類の結晶系 (crystal system) に分類される．

● **ミラー指数** ● 空間格子において一直線上にない任意の3つの格子点を含む平面上には無数の格子点が格子状に二次元的に配列している．これを格子面とよぶ．空間格子内にはたがいに平行で等間隔な格子面群が何組もあり，ある1組の格子面群で隣接する2つの格子面間の距離を面間隔という．格子面は，3つのミラー指数 (Miller indices) とよばれる整数 h, k, l を用いて $(h\,k\,l)$ と表される．ミラー指数は，結晶軸を座標軸として，それらと格子面とが交わる座標を格子定数 a, b, c を単位として $(xa\,0\,0), (0\,yb\,0), (0\,0\,zc)$ と表し，これら x, y, z の逆数 $1/x, 1/y, 1/z$ のおのおのに一定の適当な数を乗じて互いに素な整数となるようにしたものである．

● **X線回折** ● X線回折は原子の配列を決定する手段として広く用いられている．ある格子面に対して角度 θ で入射したX線は鏡面反射される．そのとき，距離 d だけ離れた隣接する格子面でもX線は反射されるので，この反射波の間に干渉が生じる．それぞれの反射波は，その光路差が波長 λ の整数倍になるとき，すなわち

$$2d\sin\theta = n\lambda \quad (n は正の整数) \tag{3.1}$$

の関係を満たすとき位相が一致してたがいに強め合う．式 (3.1) はブラッグ (bragg) の反射条件とよばれる．

例題 1

下図の立方格子中の網掛けで示された面をミラー指数で示せ.

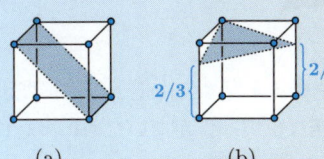 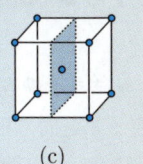 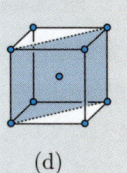

(a)   (b)   (c)   (d)

解答 (a) まず,結晶軸を座標軸として格子面と座標軸とが交わる座標を格子定数 a, b, c を単位として表すと,$(\infty a\ 0\ 0)$, $(0\ 1b\ 0)$, $(0\ 0\ 1c)$ となる.各係数の逆数は,$1/\infty, 1, 1$ であるので,ミラー指数としては $(0\ 1\ 1)$ となる.

(b), (c), (d) も (a) の場合と同様に考える.(b) では各係数の逆数は,$1/3, 1/3, 1$ であるので,ミラー指数は $(1\ 1\ 3)$, (c) では各係数の逆数は,$1/\infty, 1/(1/2), 1/\infty$ であるので,ミラー指数は $(0\ 2\ 0)$, (d) では各係数の逆数は,$1/1, 1/1, 1/\infty$ であるので,ミラー指数は $(1\ 1\ 0)$ となる.

例題 2

ある結晶に波長 1.54×10^{-1} nm の X 線を照射したところ,$2\theta = 31.8°$ のところに $(1\ 0\ 0)$ による強い強度をもつ回折ピークが現れた.この面の面間隔 d_{100} はいくらか.また,この結晶の $(1\ 1\ 0)$ による回折ピークの 2θ を計算せよ.

解答 式 (3.1) を用いて面間隔 d_{100} を求める.$n = 1$ として
$$2d_{100}\sin(31.8/2)° = 1.54 \times 10^{-1}$$
これより,面間隔 d_{100} は 2.81×10^{-1} (nm) である.右図は,単純立方格子を z 軸方向からみた(xy 面に投影した)図で,d_{100} は $(1\ 1\ 0)$ の面間隔を示す.これより
$$d_{100} : d_{110} = \sqrt{2} : 1$$
よって,$(1\ 1\ 0)$ による回折ピークの 2θ は
$$2(d_{100}/\sqrt{2})\sin(2\theta/2) = 1.54 \times 10^{-1}$$
$$\sin(2\theta/2) = 1.54 \times 10^{-1}/(\sqrt{2} \times 2.81 \times 10^{-1})$$

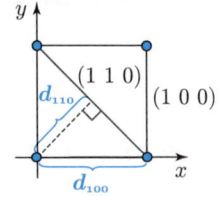

これより,$2\theta = 45.6°$ である.

問題

3.1 単純正方格子に $(3\ 2\ 1)$ 面を書き込め.

3.2 立方晶系の場合,ある面のミラー指数 $(h\ k\ l)$ とその面の面間隔 d との間に
$$1/d^2 = (h^2 + k^2 + l^2)/a^2$$
の関係があることを示せ.ただし,a は格子定数である.

3.2 金属結晶とイオン結晶の構造
3.2.1 金属結晶の構造
● **金属単体の構造** ● 　金属結晶を構成する金属イオンは自由電子の中に埋没して規則正しく配列している．金属イオン間の相互作用には方向性がないために，それらはなるべく密に詰まるような配列をとる．1種類の剛体球をできるだけ密に詰める（最密充填）充填法には，立方最密充填 (cubic closest packing, ccp) と六方最密充填 (hexagonal closest packing, hcp) がある．立方最密充填構造は，面心立方構造 (face centered cubic structure, fcc) そのものである．

　多くの金属は，立方最密充填，六方最密充填，あるいはこれら最密充填構造よりわずかに隙間のある体心立方構造 (body centered cubic, bcc) のいずれかの構造をとる．

● **合金の構造** ● 　ある金属元素に1種類以上の金属元素または非金属元素を添加した金属的性質をもつ物質を総称して合金 (alloy) という．合金は原子の配列の仕方によって置換型合金 (substitutional alloy) と侵入型合金 (interstitial alloy) とに分類される．前者は，主成分元素の原子位置に副成分元素の原子が任意に置き換えられたもので，主成分元素と副成分元素の原子半径が大きく違わない場合に生じる．金属元素の原子どうしからなる合金は普通この型である．また，置換型合金には，副成分元素の原子が主成分元素の原子の位置に不規則に置換して生じる固溶体 (solid solution) とたがいの原子が整数比で合金をつくる金属間化合物 (intermetallic compound) がある．黄銅（真鍮）(Cu-Znの合金) は後者の例である．一方，侵入型合金は，主成分元素と副成分元素の原子半径が大きく異なっている場合に生じ，副成分元素としては，水素，ホウ素，炭素，窒素などがある．鋼 (Fe-Cの合金) はこの型の合金の代表例である．

3.2.2 イオン結晶の構造
　イオン結晶における陽イオンと陰イオンの配列の仕方は，これらイオン間の静電的な相互作用および陽イオンと陰イオンの相対的な大きさによって決まる．以下に代表的なイオン結晶の構造を示す．

● **塩化ナトリウム (NaCl) 型構造** ● 　食塩型構造あるいは岩塩型構造ともいう．陰イオンが立方最密構造に配列して格子をつくり，その八面体の隙間の位置のすべてを陽イオンが占める．配位構造は6:6である．LiCl, MgO, FeO などがこの構造である．

● **塩化セシウム (CsCl) 型構造** ● 　立方体の各頂点を陰イオンが占め，その中心に陽イオンが入っている．配位構造は8:8である．CsBr, CaS などがこの構造をとる．

● **ヒ化ニッケル (NiAs) 型構造** ● 　陰イオンが六方最密構造に配列して格子をつくり，その八面体の隙間の位置のすべてを陽イオンが占める．配位構造は6:6である．

- **セン亜鉛鉱 (ZnS) 型構造**　陰イオンが立方最密構造に配列して格子をつくり，その四面体の隙間の位置の半分を陽イオンが占める．配位構造は 4：4 である．ZnSe，CdS，CuCl などがこの構造である．

- **ウルツ鉱 (ZnS) 型構造**　陰イオンは六方最密構造に配列して格子をつくり，この格子内にできる四面体の隙間の位置の半分を陽イオンが占める．配位構造は 4：4 である．この構造をとるものには，ZnO，BeO，AlN，SiC などがある．

- **ホタル石 (CaF_2) 型構造および逆ホタル石型構造**　陽イオンが立方最密構造に配列し，この格子内にできる四面体の隙間の位置のすべてを陰イオンが占める．この構造の陽イオンと陰イオンを逆転させた構造が逆ホタル石型構造である．ホタル石型構造の配位構造は 8：4 で，逆ホタル石型は 4：8 である．$BaCl_2$，UO_2 などがホタル石型構造を，Li_2O，Na_2O，Cu_2O，Na_2S などは逆ホタル石型構造をとる．

- **ルチル鉱 (TiO_2) 型構造**　陰イオンがひずんだ六方最密構造に配列し，そこにできる八面体の隙間のうちの半分を陽イオンが占める．配位構造は 6：3 である．SnO_2，MgF_2，ZnF_2 などがこの構造をとる．

- **塩化カドミウム ($CdCl_2$) 型構造およびヨウ化カドミウム (CdI_2) 型構造**　塩化カドミウム型構造では陰イオンが立方最密構造に配列するのに対し，ヨウ化カドミウム型構造では六方最密構造に配列して格子をつくり，陽イオンが八面体の隙間の位置の半分を占める構造である．いずれも配位構造は 6：3 である．

- **コランダム (α-Al_2O_3) 型構造**　陰イオンはひずんだ六方最密構造に配列して格子をつくり，格子内の八面体の隙間のうち 2/3 を陽イオンが埋めている．配位構造は 6：4 である．α-Fe_2O_3，Cr_2O_3 がこの構造である．

- **酸化レニウム (ReO_3) 型構造**　立方体の各頂点を陽イオンが占め，各稜の中央に陰イオンが存在する．配位構造は 6：2 である．CrO_3，WO_3，AlF_3 などがこの構造である．

- **ペロブスカイト ($CaTiO_3$) 型構造**　ABX_2 の組成をもつ化合物にみられる．A イオンが単純立方格子をつくり，その体心に B イオンが，面心に X イオンが位置する．B イオンは 6 個の X イオンに配位され，A イオンは 12 個の X イオンに配位される．

- **スピネル ($MgAl_2O_4$) 型構造**　AB_2X_4 の化学式をもつ多くの結晶がこの構造をとる．X イオンは面心立方格子をつくり，この格子内にできる四面体の隙間サイトと八面体の隙間サイトの一部をそれぞれ A イオンと B イオンが埋める場合を正スピネル (normal spinel) とよぶ．一方，四面体の隙間サイトの一部に B 原子の半数が，八面体の隙間サイトの一部を A 原子と B 原子の半数が占める場合を逆スピネル (inverse spinel) とよび，一般式は $B[AB]X_4$ で表される．正スピネルには $ZnAl_2O_4$，逆スピネルには $MgFe_2O_4$，$NiFe_2O_4$ などがある．

―例題 3―

イオン結晶をつくるとき，陽イオンと陰イオンは接していると考えてよい．8配位に対して予想される最小のイオン半径比（陽イオン半径 r_+/陰イオン半径 r_-）を計算せよ．また，6配位の場合はどうか．

[解答] 8配位の場合は，陰イオンが形成する立方体の中心に陽イオンが位置する．

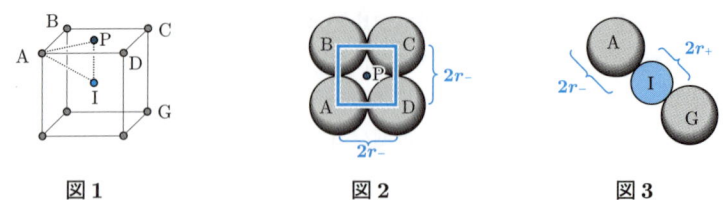

図1　　　　　　図2　　　　　　図3

図1より，　　$AP^2 + PI^2 = AI^2$,　　$AB^2 + BC^2 = (2AP)^2$
図2より，　　$AB = BC = 2PI = 2r_-$
図3より，　　$AI = r_+ + r_-$
よって，$[\{(2r_-)^2 + (2r_-)^2\}/4] + (2r_-/2)^2 = (r_+ + r_-)^2$
この式を整理して，$3(r_-)^2 = (r_+ + r_-)^2$,　　$\sqrt{3}\,r_- = r_+ + r_-$
したがって，比 r_+/r_- は
$$r_+/r_- = \sqrt{3} - 1 = 0.732$$

6配位の場合は，陰イオンが形成する正八面体の中心に陽イオンが位置する．

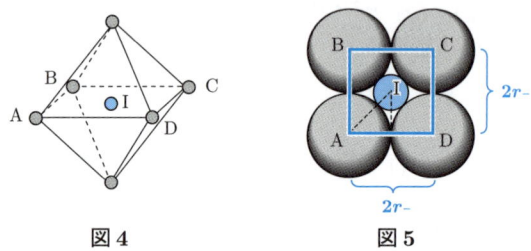

図4　　　　　　図5

図5より，　　$AB^2 + BC^2 = (2AI)^2$
よって，$(2r_-)^2 + (2r_-)^2 = \{2(r_+ + r_-)\}^2$
この式を整理して
$$2(r_-)^2 = (r_+ + r_-)^2,\quad \sqrt{2}\,r_- = r_+ + r_-$$
したがって，比 r_+/r_- は
$$r_+/r_- = \sqrt{2} - 1 = 0.414$$

3.2 金属結晶とイオン結晶の構造

例題 4

銅 Cu の結晶は面心立方格子で，密度は $8.90\,\mathrm{g\,cm^{-3}}$ である．結晶中の最近接銅原子間の距離を求めよ．ただし，銅の原子量は 63.5，アボガドロ定数は $6.02\times10^{23}\,\mathrm{mol^{-1}}$ である．

[解答] まず，面心立方格子に含まれる銅原子の数を求める．立方体の頂点に 8 個，面心に 6 個の銅原子が位置しているから，その数は

$$8\times\frac{1}{8}+6\times\frac{1}{2}=4\,(\text{個})$$

となる．面心立方格子の格子定数を a とすると，a と銅の結晶の密度 $8.90\,\mathrm{g\,cm^{-3}}$ の関係は

$$\frac{63.5}{6.02\times10^{23}\times a^3}\times 4=8.90$$

したがって，$a=3.62\times10^{-8}\,\mathrm{cm}$ となる．

面心立方格子であるので，最近接銅原子間の距離 d と格子定数 a との間の関係は，右図より

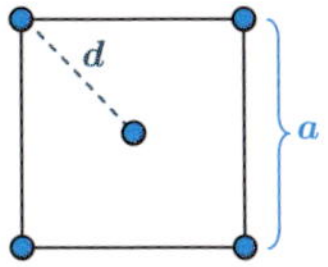

$$d^2=2\times\left(\frac{a}{2}\right)^2=2\times\left(\frac{3.62\times10^{-8}}{2}\right)^2$$

したがって，最近接銅原子間の距離は $2.56\times10^{-8}\,\mathrm{cm}=0.256\,\mathrm{nm}$ となる．

問題

3.3 例題 3 において，4 配位に対して予想される最小のイオン半径比 r_+/r_- を計算せよ．

3.4 最密充填構造における 4 面体間隙，8 面体間隙，原子の数の比はいくらか．立方最密充填構造について考えてみよ．

3.5 次の文章の（イ）〜（ヘ）の中に，適切な語句や数字を入れよ．
　　塩化ナトリウム型結晶構造は，陽イオンの面心立方格子に陰イオンの（イ）格子を一辺の方向に（ロ）ずらして重ね合わせたものとみなすことができる．また，塩化セシウム型結晶構造は，陽イオンの（ハ）格子に陰イオンの（ニ）格子を（ホ）の方向に（ヘ）ずらして重ね合わせたものとみなすことができる．

3.3 格子エネルギーとボルン-ハーバーサイクル

● **格子エネルギー** ● イオン結晶では 1 mol 当たりの全ポテンシャルエネルギー $E(r)$ は以下の式で表される．

$$E(r) = NAz_+z_-e^2/4\pi\varepsilon_0 r + Be^{-r/\rho}$$

または

$$E(r) = NAz_+z_-e^2/4\pi\varepsilon_0 r + B'r^{-n} \tag{3.2}$$

ここで，z_+, z_- は陽イオンと陰イオンの電荷，N はアボガドロ数，A は結晶の構造によって決まるマーデルング定数 (Madelung constant)，B, B' は定数である．これらの式は，陽イオンと陰イオンの最近接距離 r_0 において $(dE(r)/dr)_{r=r_0} = 0$ であるから，r_0 を用いて表すと

$$E(r_0) = (NAz_+z_-e^2/4\pi\varepsilon_0 r_0)\{1 - (\rho/r_0)\}$$

または

$$E(r_0) = (NAz_+z_-e^2/4\pi\varepsilon_0 r_0)\{1 - (1/n)\} \tag{3.3}$$

になる．

格子エネルギー (lattice energy) は，結晶の凝集エネルギー，すなわち 0 K で結晶の構成要素を気体状態まで分解するのに必要なエネルギーである．したがって，格子エネルギー U は，式 (3.3) の符号を変えた式で与えられることになる．

$$U = (-NAz_+z_-e^2/4\pi\varepsilon_0 r_0)\{1 - (\rho/r_0)\}$$

または

$$U = (-NAz_+z_-e^2/4\pi\varepsilon_0 r_0)\{1 - (1/n)\} \tag{3.4}$$

式 (3.4) を使って格子エネルギーを求める場合マーデルング定数が含まれているため，構造が既知である必要がある．

構造が未知の結晶については，次式で格子エネルギー U (kJ mol^{-1}) を見積もることができる．

$$U = -\frac{(1.24 \times 10^2)Vz_Az_B}{r_A + r_B} \times \{1 - 0.0345(r_A + r_B)\} \tag{3.5}$$

ここで，V は化合物式量当たりのイオン数，z_A, r_A および z_B, r_B はイオン A, B の電荷とイオン半径 (nm) である．

3.3 格子エネルギーとボルン-ハーバーサイクル

● **ボルン-ハーバーサイクル** ● 格子エネルギーは式 (3.4), (3.5) により計算で求まるが，単体からイオン結晶が生成する過程に熱力学の第 1 法則を適用しても求めることができる．いま，1 mol NaCl（結晶）を例にする．固体をばらばらの気体状原子に分解し，それらをイオン化させて再び結晶とするサイクルの経路を考える（下図参照）．

ΔH_{sub}	Na (結晶) の昇華熱
D_{ion}	Na のイオン化ポテンシャル
ΔH_{diss}	Cl_2 の解離エネルギー
D_{ele}	Cl の電子親和力
U	NaCl (結晶) の格子エネルギー
ΔH_{f}	NaCl (結晶) の生成エンタルピー

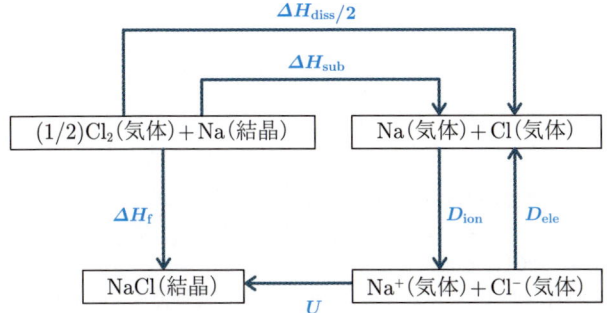

この経路を 1 周すると元の状態にもどるので

$$\Delta H_{\mathrm{sub}} + \frac{\Delta H_{\mathrm{diss}}}{2} + D_{\mathrm{ion}} + U - D_{\mathrm{ele}} - \Delta H_{\mathrm{f}} = 0 \tag{3.6}$$

の関係が成立する．このようなサイクルはボルン-ハーバーサイクル (Born-Harber's cycle process) とよばれている．生成エンタルピーは実験より求められるので，このサイクルを用いれば格子エネルギー U は以下の式で求まる．

$$U = -\Delta H_{\mathrm{sub}} - \frac{\Delta H_{\mathrm{diss}}}{2} - D_{\mathrm{ion}} + D_{\mathrm{ele}} + \Delta H_{\mathrm{f}} \tag{3.7}$$

例題 5

次のデータを用いて，塩素 Cl の電子親和力 (eV) を求めよ．

NaCl(s) の格子エネルギー	$U(\text{NaCl})$	$-788\,\text{kJ mol}^{-1}$
NaCl(s) の生成エンタルピー	$\Delta H_\text{f}(\text{NaCl})$	$-411\,\text{kJ mol}^{-1}$
Na(g) のイオン化ポテンシャル	$D_\text{ion}(\text{Na})$	$496\,\text{kJ mol}^{-1}$
Na(s) の昇華熱	$\Delta H_\text{sub}(\text{Na})$	$108\,\text{kJ mol}^{-1}$
Cl(g) の生成エンタルピー	$\Delta H_\text{f}(\text{Cl})$	$122\,\text{kJ mol}^{-1}$

解答 ボルン-ハーバーサイクルを考え，式 (3.6) より Cl の電子親和力 $D_\text{ele}(\text{Cl})$ は

$$D_\text{ele}(\text{Cl}) = \Delta H_\text{sub}(\text{Na}) + \Delta H_\text{diss}(\text{Cl}_2)/2 + D_\text{ion}(\text{Na}) + U(\text{NaCl}) - \Delta H_\text{f}(\text{NaCl})$$

ここで，$\text{Cl}_2(\text{g})$ の解離エネルギー $\Delta H_\text{diss}(\text{Cl}_2)$ は Cl(g) の生成エンタルピー $\Delta H_\text{f}(\text{Cl})$ の 2 倍に等しいので

$$\begin{aligned} D_\text{ele}(\text{Cl}) &= \Delta H_\text{sub}(\text{Na}) + \Delta H_\text{f}(\text{Cl}) + D_\text{ion}(\text{Na}) + U(\text{NaCl}) - \Delta H_\text{f}(\text{NaCl}) \\ &= 108 + 122 + 496 + (-788) - (-411) = 349\,(\text{kJ mol}^{-1}) \end{aligned}$$

$1\,\text{eV} = 1.602 \times 10^{-19}\,\text{J}$，アボガドロ定数 $= 6.02 \times 10^{23}\,\text{mol}^{-1}$ より

$$\text{Cl の電子親和力 (eV)} = \frac{3.49 \times 10^5/1.602 \times 10^{-19}}{6.02 \times 10^{23}} = 3.62\,(\text{eV})$$

補足 反応 $\text{Cl}_2 \longrightarrow 2\text{Cl}$ を結合に着目すると，反応式は $\text{Cl-Cl} \longrightarrow \text{Cl} + \text{Cl}$ のように書き換えられる．これより，Cl-Cl の結合を切るのに要する熱量は，塩素原子の生成エンタルピーの 2 倍に等しいことになる．

問題

3.6 リチウム Li のイオン化ポテンシャル (kJ mol^{-1}) を，次のデータを用いて求めよ．

$\text{Li(s)} + (1/2)\text{F}_2(\text{g}) \longrightarrow \text{LiF(s)}$	$-606\,\text{kJ mol}^{-1}$
$\text{Li(s)} \longrightarrow \text{Li(g)}$	$160\,\text{kJ mol}^{-1}$
$(1/2)\text{F}_2(\text{g}) \longrightarrow \text{F(g)}$	$135\,\text{kJ mol}^{-1}$
$\text{F(g)} + \text{e}^- \longrightarrow \text{F}^-(\text{g})$	$-328\,\text{kJ mol}^{-1}$
Li^+ のイオン半径	$0.060\,\text{nm}$
F^- のイオン半径	$0.133\,\text{nm}$

3.7 1 価の陽イオンと陰イオンが交互に一次元に並んだ結晶の格子エネルギーを与える式をつくれ．ただし，陽イオンと陰イオンとのイオン間距離は d である．

4 酸と塩基

4.1 酸・塩基の定義と強弱

4.1.1 酸・塩基の定義

- **アレニウス (Arrhenius) の定義** 酸とは水溶液中で解離してプロトン H^+ を生じる化合物であり，塩基とは水溶液中で解離して水酸化物イオン OH^- を生じる化合物である．プロトンを H^+ と書いたが，これは，実際には水和したオキソニウムイオン H_3O^+ として存在する．

- **ブレンステッド (Brønsted)-ローリー (Lowry) の定義** 酸とはプロトンを与えるもので，塩基はプロトンを受け取ることのできるものである．反応

$$\underset{\text{酸}}{HCl} + \underset{\text{塩基}}{H_2O} \rightleftarrows \underset{\text{酸}}{H_3O^+} + \underset{\text{塩基}}{Cl^-} \tag{4.1}$$

において，左側から右側への反応に対しては，HCl は酸，H_2O は塩基である．逆に右側から左側への反応では，H_3O^+ は酸，Cl^- は塩基となる．この場合，HCl と Cl^-，H_2O と H_3O^+ は，酸と塩基となって一対として振る舞うので，これらの対を共役対という．また，次の反応では

$$\underset{\text{塩基}}{NH_3} + \underset{\text{酸}}{H_2O} \rightleftarrows \underset{\text{塩基}}{OH^-} + \underset{\text{酸}}{NH_4^+} \tag{4.2}$$

左側から右側への反応に対しては，NH_3 はプロトンを受け取るので塩基，H_2O はプロトンを NH_3 に供与するので酸である．逆に右側から左側への反応では，OH^- は塩基，NH_4^+ は酸となる．

- **ルイス (Lewis) の定義** 電子供与体が塩基，電子受容体が酸で，これらをルイス塩基，ルイス酸とよぶ．ルイス酸は電子対が欠乏している物質で，多くの陽イオンや BF_3 などがこれに属し，一方，ルイス塩基は非共有電子対（孤立電子対）をもつ物質で，多くの陰イオンや NH_3，H_2O などがこれに属する．一例を示すと

$$\text{BF}_3 + \text{NH}_3 \rightleftarrows \text{F}_3\text{B-NH}_3 \qquad (4.3)$$
ルイス酸　ルイス塩基

BF$_3$ では，B 原子は sp^2 混成軌道をつくって 3 つの F 原子と結合しており，B 原子の 1 つの p 軌道は空である．この空軌道を使って NH$_3$ の非共有電子対を受け入れている．

4.1.2 酸・塩基の強弱

定量的に酸の強さを表す尺度として酸解離定数が使われる．酸 HA を水に溶かすと，次の平衡が成り立つ．

$$\text{HA} + \text{H}_2\text{O} \rightleftarrows \text{H}_3\text{O}^+ + \text{A}^- \qquad (4.4)$$

この平衡定数を K_1 とすると

$$K_1 = [\text{H}_3\text{O}^+][\text{A}^-]/[\text{HA}][\text{H}_2\text{O}] \qquad (4.5)$$

である．[H$_2$O] は濃厚溶液でなければ一定であるから，$K_a = K_1[\text{H}_2\text{O}]$ とおくと

$$K_a = [\text{H}_3\text{O}^+][\text{A}^-]/[\text{HA}] \qquad (4.6)$$

で与えられる．この K_a が酸解離定数であり，K_a 値が大きいほど強い酸である．通常は K_a に代わって次式で与えられる pK_a がしばしば使われる．

$$\text{p}K_a = -\log K_a \qquad (4.7)$$

リン酸のように多段階で酸解離が起こる場合は逐次酸解離平衡反応を考え，各段階の酸解離定数を K_{a1}, K_{a2}, K_{a3} とする．

$$\text{H}_3\text{PO}_4 + \text{H}_2\text{O} \rightleftarrows \text{H}_3\text{O}^+ + \text{H}_2\text{PO}_4^- \qquad K_{a1}$$

$$\text{H}_2\text{PO}_4^- + \text{H}_2\text{O} \rightleftarrows \text{H}_3\text{O}^+ + \text{HPO}_4^{2-} \qquad K_{a2}$$

$$\text{HPO}_4^{2-} + \text{H}_2\text{O} \rightleftarrows \text{H}_3\text{O}^+ + \text{PO}_4^{3-} \qquad K_{a3}$$

次に塩基の場合を考える．塩基 B を水に溶かすと，次の平衡が達成される．

$$\text{B} + \text{H}_2\text{O} \rightleftarrows \text{BH}^+ + \text{OH}^- \qquad (4.8)$$

平衡定数を K_2 とすると

$$K_2 = [\text{BH}^+][\text{OH}^-]/[\text{B}][\text{H}_2\text{O}] \qquad (4.9)$$

酸のときと同様に考えて，$K_b = K_2[\text{H}_2\text{O}]$ とおくと

$$K_b = [\text{BH}^+][\text{OH}^-]/[\text{B}] \qquad (4.10)$$

K_b は塩基解離定数とよばれ，K_b 値が大きいほど強い塩基である．

4.1 酸・塩基の定義と強弱

―例題 1―

次の反応式で酸として働いている物質と塩基として働いている物質を示せ．
(1) $CO_3^{2-} + H_2O \longrightarrow HCO_3^- + OH^-$
(2) $SO_2 + 2H_2O \longrightarrow HSO_3^- + H_3O^+$
(3) $NH_3 + HCl \longrightarrow NH_4^+ + Cl^-$
(4) $NH_4^+ + OH^- \longrightarrow NH_3 + H_2O$
(5) $HC_2O_4^- + H_2O \longrightarrow H_2C_2O_4 + OH^-$

解答 (1) 酸：H_2O，塩基：CO_3^{2-} (2) 酸：SO_2，塩基：H_2O
(3) 酸：HCl，塩基：NH_3 (4) 酸：NH_4^+，塩基：OH^-
(5) 酸：H_2O，塩基：$HC_2O_4^-$

補足 化合物の水溶液中の酸解離定数 pK_a (25 °C)

化合物	平衡式	pK_a
亜硫酸	$H_2SO_3 + H_2O \rightleftharpoons HSO_3^- + H_3O^+$	1.37
	$HSO_3^- + H_2O \rightleftharpoons SO_3^{2-} + H_3O^+$	6.34
アンモニウムイオン	$NH_4^+ + H_2O \rightleftharpoons NH_3 + H_3O^+$	9.24
シュウ酸	$N_2C_2O_4 + H_2O \rightleftharpoons NC_2O_4^- + H_3O^+$	1.04
	$HC_2O_4^- + H_2O \rightleftharpoons C_2O_4^{2-} + H_3O^+$	3.82
炭酸	$H_2CO_3 + H_2O \rightleftharpoons HCO_3^- + H_3O^+$	6.11
	$HCO_3^- + H_2O \rightleftharpoons CO_3^{2-} + H_3O^+$	9.87

問題

4.1 次の物質 (a)〜(c) を水に溶かしたときの共役酸塩基対を書け．
(a) NH_4^+ (b) HCN (c) C_6H_5COOH

4.2 酸や塩基は，水に溶けると電離して H^+ や OH^- を生じる．溶かした酸や塩基全体の物質量に対して，そのうち電離しているそれらの物質量の割合を電離度という．弱酸 HA の水中における電離度 α を用いて，HA の酸解離定数 K_a を表せ．ただし，水からの H^+ は無視するものとする．また，弱塩基 B の塩基解離定数 K_b はどのような式になるか．

4.3 次の塩 (a)〜(c) の加水分解反応の平衡定数（加水分解定数：K_h）を書け．
(a) CH_3COONa (b) NH_4Cl (c) CH_3COONH_4

4.4 問題 4.3 で書いた加水分解定数を，酢酸 CH_3COOH の酸解離定数 K_a，アンモニア NH_3 の塩基解離定数 K_b，水のイオン積 K_w を用いて示せ．

4.5 塩基 B の塩基解離定数を K_b とするとき，pK_b が B の共役酸である BH^+ の酸解離定数 K_a を使って，p$K_b = 14 - pK_a$ で表されることを示せ．

4.2 pH と水溶液中の水素イオン濃度

4.2.1 pH

希薄水溶液中の水素イオン（オキソニウムイオン）濃度を取り扱う場合，その濃度をモル濃度（$mol\,l^{-1}$）で表すと非常に小さいことがしばしばである．そのため，小さな水素イオン濃度を簡略に表すために，その濃度の逆数の常用対数が採用され，その値が pH である．

$$\mathrm{pH} = \log\left(1/[\mathrm{H_3O^+}]\right) = -\log[\mathrm{H_3O^+}] \tag{4.11}$$

4.2.2 水素イオン濃度

● **強酸の水溶液中の水素イオン濃度** ● 1価の強酸の水溶液中の水素イオンの濃度 $[\mathrm{H_3O^+}]$ は水溶液中の水素イオンがすべて酸の解離によって生じ，強酸は100％解離すると考えられるので，強酸のモル濃度（$mol\,l^{-1}$）に等しいと考えても差し支えがない．しかし，水溶液の濃度が極端に低い場合には水からの水素イオンを考慮しなければならない．酸 HA の極端に希薄な水溶液中の $[\mathrm{H_3O^+}]$ は，水と HA の解離によって水溶液中に存在する $[\mathrm{OH^-}]$ と $[\mathrm{A^-}]$ の合計に等しい．すなわち

$$[\mathrm{H_3O^+}] = [\mathrm{OH^-}] + [\mathrm{A^-}]$$

いま，$[\mathrm{OH^-}] = K_w/[\mathrm{H_3O^+}]$（$K_w$ は水のイオン積）を上の式に代入すると，$[\mathrm{H_3O^+}]$ に関して2次方程式が得られる．

$$[\mathrm{H_3O^+}]^2 - [\mathrm{A^-}][\mathrm{H_3O^+}] - K_w = 0 \tag{4.12}$$

この方程式を解くことによって，酸 HA の極端に希薄な水溶液中の $[\mathrm{H_3O^+}]$ が求められる．

● **弱酸の水溶液中の水素イオン濃度** ● C_0 mol の弱酸 HA に純水を加えて $1.0\,l$ にした水溶液を考える．水溶液中の [HA] は，HA がわずかに解離するので

$$[\mathrm{HA}] = C_0 - [\mathrm{A^-}] \tag{4.13}$$

また，水溶液は電気的中性であるので

$$[\mathrm{H_3O^+}] = [\mathrm{A^-}] + [\mathrm{OH^-}] \tag{4.14}$$

上記2式と式 (4.6) より

$$K_a = [\mathrm{H_3O^+}] \frac{[\mathrm{H_3O^+}] - [\mathrm{OH^-}]}{C_0 - ([\mathrm{H_3O^+}] - [\mathrm{OH^-}])} \tag{4.15}$$

さらに $[\mathrm{H_3O^+}][\mathrm{OH^-}] = K_w$ より

4.2 pH と水溶液中の水素イオン濃度

$$K_\mathrm{a} = [\mathrm{H_3O^+}] \frac{[\mathrm{H_3O^+}] - K_\mathrm{w}/[\mathrm{H_3O^+}]}{C_0 - [\mathrm{H_3O^+}] + K_\mathrm{w}/[\mathrm{H_3O^+}]} \tag{4.16}$$

この方程式を解くことにより $[\mathrm{H_3O^+}]$ を求めることができる．いま，酸の溶液では多くの場合 $[\mathrm{OH^-}]$ は非常に小さいので，$[\mathrm{H_3O^+}] - [\mathrm{OH^-}] = [\mathrm{H_3O^+}]$ と近似され，式 (4.15) は

$$K_\mathrm{a} = \frac{[\mathrm{H_3O^+}]^2}{C_0 - [\mathrm{H_3O^+}]} \tag{4.17}$$

ここで，さらに $[\mathrm{H_3O^+}] \ll C_0$ ならば，$[\mathrm{H_3O^+}]$ は次式で近似できる．

$$[\mathrm{H_3O^+}] = (C_0 K_\mathrm{a})^{1/2} \tag{4.18}$$

● **弱酸とその塩の混合水溶液中の水素イオン濃度** ● C_0 mol の 1 価の弱酸 HA と C_0' mol のその塩 MA を水に溶かし，全体の体積を $1.0\,l$ にした水溶液を考える．水溶液中の [HA] と [A$^-$] に着目すると

$$[\mathrm{HA}] + [\mathrm{A^-}] = C_0 + C_0' \tag{4.19}$$

水溶液の電気的中性より

$$[\mathrm{M^+}] + [\mathrm{H_3O^+}] = [\mathrm{OH^-}] + [\mathrm{A^-}] \tag{4.20}$$

いま，塩 MA は 100％解離するので $[\mathrm{M^+}] = C_0'$ であることと式 (4.19), (4.20) より，水溶液中の [A$^-$] と [HA] は

$$[\mathrm{A^-}] = C_0' + [\mathrm{H_3O^+}] - [\mathrm{OH^-}]$$
$$[\mathrm{HA}] = C_0 - [\mathrm{H_3O^+}] + [\mathrm{OH^-}] \tag{4.21}$$

したがって，式 (4.6) は

$$K_\mathrm{a} = [\mathrm{H_3O^+}] \frac{C_0' + [\mathrm{H_3O^+}] - [\mathrm{OH^-}]}{C_0 - ([\mathrm{H_3O^+}] - [\mathrm{OH^-}])} \tag{4.22}$$

この式と $[\mathrm{OH^-}] = K_\mathrm{w}/[\mathrm{H_3O^+}]$ の関係より，混合水溶液中の $[\mathrm{H_3O^+}]$ を求めることができる．

ここで，C_0, C_0' が $[\mathrm{H_3O^+}]$ および $[\mathrm{OH^-}]$ のいずれよりもかなり大きい場合は，$[\mathrm{H_3O^+}]$ は次式で与えられる．

$$[\mathrm{H_3O^+}] = K_\mathrm{a} \frac{C_0}{C_0'} \tag{4.23}$$

例題 2

1価の弱塩基 B の水溶液中の水酸化物イオン濃度 $[OH^-]$ について，弱酸の水溶液中の水素イオン濃度についての式 (4.15) に対応する式を書け．

解答

$$B + H_2O \rightleftarrows BH^+ + OH^-, \quad K_b = \frac{[BH^+][OH^-]}{[B]}$$

C_0 mol の塩基 B に純水を加えて $1.0\,l$ にした水溶液を考える．物質のバランスを考えると

$$C_0 = [B] + [BH^+]$$

また，電荷のバランスを考えると

$$[H_3O^+] + [BH^+] = [OH^-] \quad \text{より} \quad [BH^+] = [OH^-] - [H_3O^+]$$

上記の2つの式より

$$[B] = C_0 - [BH^+]$$
$$= C_0 - ([OH^-] - [H_3O^+])$$

したがって，$[BH^+]$，$[B]$ を K_b の式に代入すると

$$K_b = \frac{([OH^-] - [H_3O^+])[OH^-]}{C_0 - [OH^-] + [H_3O^+]}$$

問題

4.6 $5.0 \times 10^{-3}\,\text{mol}\,l^{-1}$ の水酸化ストロンチウム $Sr(OH)_2$ 水溶液の pH を求めよ．

4.7 $5.0 \times 10^{-7}\,\text{mol}\,l^{-1}$ の水酸化ストロンチウム $Sr(OH)_2$ 水溶液の pH を求めよ．

4.8 $1.9 \times 10^{-2}\,\text{mol}\,l^{-1}$ の酢酸 CH_3COOH 水溶液の水素イオン濃度を測定したところ，$5.8 \times 10^{-4}\,\text{mol}\,l^{-1}$ であった．CH_3COOH の酸解離定数を求めよ．

4.9 $5.0 \times 10^{-2}\,\text{mol}\,l^{-1}$ の酢酸ナトリウム CH_3COONa 水溶液の OH^- 濃度を求めよ．CH_3COOH の酸解離定数は，問題 4.8 の値を用いよ．

4.10 $1.0 \times 10^{-1}\,\text{mol}\,l^{-1}$ の CH_3COOH 水溶液と $2.0 \times 10^{-1}\,\text{mol}\,l^{-1}$ の CH_3COONa 水溶液から pH5 の溶液をつくるには，2つの溶液をどのような割合で混合すればよいか．CH_3COOH の酸解離定数は，問題 4.8 の値を用いよ．

5 酸化と還元

5.1 酸化・還元反応と電池

5.1.1 酸化数と酸化・還元反応

酸化数（oxidation number）とは，分子がもつ電子を一定の規則で各成分原子に割り当てるとき，各原子がもつ電荷量を電気素量 e で割った数である．分子を構成する各原子の真の電荷を表してはいないが，酸化・還元反応を解釈する上では重要である．酸化・還元反応では，反応式中に必ず酸化数が増加する原子と減少する原子がある．酸化数は以下に示す規則で決められる．

(1) 単体の原子の酸化数はゼロである．
(2) 単原子イオンの酸化数は，そのイオンの電荷と同じである．
(3) フッ素 F は化合物中では常に（−I）である．
(4) 酸素 O の酸化数は，化合物中では（−II）である．ただし，過酸化物中の O は（−I），O_2F 中では（+1/2），OF_2 中では（+II）である．
(5) 水素 H の酸化数は，金属の水素化物中では（−I），非金属の水素化物中では（+I）である．
(6) 化合物を構成する原子の酸化数の総和はゼロである．

5.1.2 電池の起電力

酸化・還元反応は，2個の電極反応が組み合わされたものとみなせる．酸化・還元反応を利用して電流を得る装置が電池である．電池を表示する場合，酸化反応が起こる電極を左側に，還元反応が起こる電極を右側に書く約束がある．たとえば，ダニエル電池は次のように書かれる．

$$Zn \mid Zn^{2+} \parallel Cu^{2+} \mid Cu$$

∥ は塩橋を示す．電池の起電力（electromotive force, emf）は，電池に対して外部から電圧をかけて変化させ，電流がゼロを示すときの外部電圧値である．ダニエル電池の場合，外部電源の + 極を Cu 極に，− 極を Zn 極につないで測定され，1.10 V である．

5.1.3 標準電極電位

電池は2つの半電池の組み合わせで，その電池の起電力は2つの半電池の電位差である．半電池の起電力を知るには，基準となる半電池と電位を知ろうとする半電池を組み合わせて電池を構成し，その起電力を測定すればよい．基準の半電池としては，酸溶液中に白金板を浸し，その表面に水素ガスを接触させた水素電極をとる．溶液中の水素イオンの活量が1 ($a_{H^+} = 1$) で，水素ガスの圧力が1 atm のものを標準水素電極といい，この電極の電位をゼロとして求めた他の半電池の電位を電極電位という．とくに，25℃で電極反応に関与する物質の活量が1であるとき（これを標準状態という）の半電池の電位を標準電極電位とよぶ．任意の半電池の組み合わせによる電池の標準状態での起電力は，おのおのの標準電極電位の差から求められる．

5.1.4 ネルンストの式とその応用

● **ネルンストの式** ● 電池反応 $\alpha A + \beta B \rightleftarrows xX + yY$ が起こるとき，電池の起電力 ε はネルンスト（Nernst）の式とよばれる次式で与えられる．

$$\varepsilon = \varepsilon^0 - (RT/nF) \log_e(a_X^x a_Y^y / a_A^\alpha a_B^\beta) \tag{5.1}$$

ここで，a は活量，ε^0 は電池の標準状態での起電力，n は反応に関与する電子の数，R は気体定数，T は温度，F はファラデー定数である．式 (5.1) を $R = 8.314\,\mathrm{J\,K^{-1}\,mol^{-1}}$，$T = 298\,\mathrm{K}$，$F = 96500\,\mathrm{C}$ とし，自然対数 $\log_e$ を常用対数 $\log_{10}$ に変換すると

$$\varepsilon = \varepsilon^0 - (0.0591/n) \log_{10}(a_X^x a_Y^y / a_A^\alpha a_B^\beta) \tag{5.2}$$

式 (5.2) に代わって，活量をモル濃度 [X] に置き換えられた式がよく用いられる．

● **平衡定数** ● 平衡定数 K を活量を用いて表すと

$$K = (a_X^x a_Y^y / a_A^\alpha a_B^\beta) \tag{5.3}$$

いま，平衡状態では $\varepsilon = 0$ であるので，式 (5.1) または (5.2) より平衡定数 K は次式で与えられる．

$$K = e^{nF\varepsilon^0/RT} \quad \text{または} \quad K = 10^{n\varepsilon^0/0.0591} \tag{5.4}$$

● **溶解度積** ● 溶解度積 K_{sp} とは，飽和溶液における陽イオンと陰イオンの濃度の積をいう．塩化銀 AgCl の溶解度積 K_{sp}(AgCl) を活量の代わりに濃度を用いて表すと

$$K_{sp}(\mathrm{AgCl}) = [\mathrm{Ag^+}][\mathrm{Cl^-}] \tag{5.5}$$

$x\,\mathrm{mol}/l$ の銀 $\mathrm{Ag^+}$ イオンを含む水溶液中に銀線を浸した容器と塩化カリウム KCl を加えた AgCl の飽和水溶液中に銀線を浸した容器からなる濃淡電池を構成する．この電池の起電力 ε は，式 (5.5) からの飽和溶液中の $\mathrm{Ag^+}$ イオン濃度と式 (5.2) を用いて

$$\varepsilon = -(0.0591/1) \log_{10}\{(K_{sp}(\mathrm{AgCl})/[\mathrm{Cl^-}])/x\} \tag{5.6}$$

[Cl$^-$] は化学分析で求めることができるので，この起電力から塩化銀の溶解度積を知ることができる．

5.1 酸化・還元反応と電池

―― 例題 1 ――

次の反応 (1)〜(4) のうち，酸化・還元反応を選べ．

(1)　$Zn + 2HCl \longrightarrow ZnCl_2 + H_2$

(2)　$CuO + 2HNO_3 \longrightarrow Cu(NO_3)_2 + H_2O$

(3)　$NaCl + H_2SO_4 \longrightarrow NaHSO_4 + HCl$

(4)　$2KBr + Cl_2 \longrightarrow 2KCl + Br_2$

[解答]　(1) では，Zn, H の酸化数が，おのおの (0) → (+I), (+I) → (0) と変化しているので，酸化・還元反応である．

(2) では，酸化数が変化している原子がないので，酸化・還元反応ではない．

(3) も (2) と同様で酸化・還元反応ではない．

(4) では，Br の酸化数が (−I) → (0) に，Cl の酸化数が (0) → (+I) と変化しているので，酸化・還元反応である．

問題

5.1　次の電池内で起こる反応の反応式を記せ．

　　　$Ag \mid AgCl(s) \mid Cl^- \ (a = 0.400) \parallel Fe^{3+} \ (a = 0.100), Fe^{2+} \ (a = 0.0200) \mid Pt$

5.2　問題 5.1 の電池の標準の起電力は 0.549 V である．電池の 25℃ での起電力を求めよ．

5.3　白金線を $1.0 \, mol \, l^{-1}$ の鉄 Fe^{3+} と $1.0 \, mol \, l^{-1}$ の鉄 Fe^{2+} を含む溶液に浸した容器と，白金線を $1.0 \, mol \, l^{-1}$ のヨウ素 I^- を含む溶液に浸した容器から構成される電池がある．電池反応の反応式を記せ．また，次の標準還元電極電位が与えられているとき，電池反応の平衡定数はいくらか．

　　　$Fe^{3+} + e^- \rightleftarrows Fe^{2+}$　　$+0.771 \, V$

　　　$I_2 + 2e^- \rightleftarrows 2I^-$　　$+0.536 \, V$

5.2 電気分解

電解質の水溶液や融液に 2 本の電極を浸し,その間に外部から直流電圧を印加すると各電極で化学反応が起こる.すなわち電気分解が起こる.電源の − 極に接続した電極を陰極といい,＋ 極に接続した電極を陽極という.

ファラデー (Faraday) は,電気分解について流れた電気量と変化した物質の量との間にある関係を実験的に見いだした.これをファラデーの電気分解の法則という.

(1) 陰極または陽極で変化する物質の質量は,流れた電気量(電流 (A) × 時間 (s))に比例する.
(2) 同一の電気量で変化する物質の質量は,原子量をその原子価で割った値(この値を当量という)に比例する.

● **水溶液の電気分解** ● 電解質を溶媒に溶かした溶液中では,電解質に由来するイオンの他に溶媒分子やそれに由来するイオンなどが共存している.電解質の水溶液の電気分解では,電解質に由来するイオンの他に H^+,OH^-,H_2O を考える必要がある.しかし,H_2O が H^+ や OH^- よりはるかに多量に存在しているので,H_2O に関する反応のみが考慮される.陰極では水と陽イオン (M^{x+}) の還元反応が

$$H_2O + e^- \rightleftarrows (1/2)H_2 + OH^-$$

$$M^{x+} + xe^- \rightleftarrows M$$

陽極では水と陰イオン (A^{y-}) の酸化反応が

$$H_2O \rightleftarrows (1/2)O_2 + 2H^+ + 2e^-$$

$$A^{y-} \rightleftarrows A + ye^-$$

と考えられるが,一般的にはいずれの極でも電極電位の高い方の反応が優先して起こる.電気分解を実際起こすには 2 つの電極電位の和より大きな電圧を余分に加える必要がある.この余分に加えなければならない電圧を過電圧いう.過電圧の大きさは,電極金属の種類や反応物質や生成物質,電解槽を流れる電流などに依存する.反応物や生成物の過電圧も,どの反応が優先して起こるかを決める重要な因子となる.

● **融液の電気分解** ● 水溶液の電気分解では,イオン化傾向の大きな(還元電極電位の低い)金属を単体として得ることは難しい.しかし,これらの金属の塩化物や水酸化物の融液を電気分解すれば単体を得ることができる.

例題 2

黒鉛電極を用いて硫酸ナトリウム Na_2SO_4 水溶液を電気分解するとき，陽極で起こる反応を書け．電流 0.200 A をこの溶液中に 20.0 分通じたとき，陽極で発生する気体の体積は 25 ℃, 1.00 atm でいくらか．ただし，発生する気体は理想気体とみなす．

解答 陽極で起こる反応：$2H_2O \longrightarrow 4H^+ + O_2 + 4e^-$
　　　　陰極で起こる反応：$2H_2O + 2e^- \longrightarrow H_2 + 2OH^-$

流れた電気量は

$$0.200\,(A) \times 20 \times 60\,(s) = 240\,C$$

電子 1 mol のもつ電気量は 9.65×10^4 C であるから 240 C の電気量は電子

$$\frac{240}{9.65 \times 10^4} = 2.49 \times 10^{-3}\,mol$$

に相当する．反応式より，電子 4 mol で酸素 1 mol が発生するので，陽極で発生する気体の体積を $V\,l$ として理想気体の状態方程式を使うと

$$1.00\,(atm) \times V\,(l) = (2.49 \times 10^{-3}\,(mol)/4) \times 0.0821\,(l\,atm\,K^{-1}\,mol^{-1}) \times 298\,(K)$$

これより，求める体積は $1.52 \times 10^{-2}\,(l)$ となる．

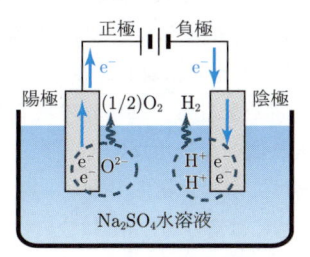

問題

5.4 白金電極を用いて，塩化ナトリウム NaCl 水溶液を電気分解すると陽極から塩素 Cl_2 が発生するが，フッ化ナトリウム NaF の水溶液を電気分解してもフッ素 F_2 は発生しない．なぜか．

5.5 問題 5.4 において，フッ化ナトリウム水溶液を電気分解したところ，陰極から発生した気体の標準状態の体積は，0.56 l であった．このとき流れた電気量は何 C か．また，陽極で発生する気体の標準状態での体積は何 l か．

5.6 アルミニウム Al は工業的には融解塩電解法で製造される．アルミニウム 1.00 t 製造するのに必要な電気量は何 C か．

6 典型元素の化学

6.1 1, 2族，12族および13〜18族元素

周期表における1, 2族（s-ブロック）と13〜18族（p-ブロック）の元素群に12族元素を加えた元素は典型元素とよばれる．

- **水素** 　$1s^1$ の電子配置で，電子を放出するとプロトン H^+ を生じ，電子を1個受け入れると水素化物イオン H^- を生じる．水素には3種の同位体 ^1H, ^2H（重水素あるいはジュウテリウム），^3H（三重水素あるいはトリチウム）が存在する．

- **1族元素** 　リチウム Li，ナトリウム Na，カリウム K，ルビジウム Rb，セシウム Cs，フランシウム Fr の元素が属し，総称してアルカリ金属とよばれる．最外殻の s 軌道に1個の価電子をもち，容易にその電子を失って +1 価の陽イオンを生じる．特徴的な炎色反応を示す．単体と水との反応性は原子番号の増大とともに高くなる．また，水素とも直接反応して水素化物をつくる．このときの反応性は原子番号の増大ととも低くなる．酸化物は水と反応して水酸化物に，また酸と反応して塩をつくる．

- **2族元素** 　ベリリウム Be，マグネシウム Mg，カルシウム Ca，ストロンチウム Sr，バリウム Ba，ラジウム Ra の元素が属し，総称してアルカリ土類金属とよばれる．最外殻の s 軌道に2個の電子をもち，これらの電子を放出して +2 価の陽イオンとなる．アルカリ土類金属も特徴的な炎色反応を示す．水との反応は原子番号の増加とともに活発になる．酸に溶けて水素を発生するが，塩基には溶けない．しかし，Be は硝酸にほとんど溶けず，塩基には溶ける．Ra は放射性元素である．酸化物は炭酸塩を強熱することにより得られる．酸化物と水との反応は原子番号の増大とともに活発になる．

- **12族元素** 　亜鉛 Zn，カドミウム Cd，水銀 Hg の元素が属し，電子配置は $(n-1)d^{10}ns^2$ で，+2 の酸化状態が最も安定である．常温・常圧では Zn と Cd の単体は固体であるが，Hg は液体の金属である．ZnO は酸やアルカリに溶ける．白色顔料，化粧品，触媒などに用いられる．ZnS は蛍光体に，CdS は光伝導性を利用して光露出計に利用されている．また，これらは II-VI 族半導体として重要な化合物である．

- **13族元素** 　ホウ素 B，アルミニウム Al，ガリウム Ga，インジウム In，タリウム Tl の元素が属し，+3 価の化合物をつくるが，周期が増すにつれて +1 価の化合物が重要となる．単体 B は半導体の性質を示し，B 原子同士が共有結合をしているため融点が高く，硬度も大きい．H_3BO_3 を強熱するとガラス状物質の B_2O_3 ができる．H_3BO_3

や Al_2O_3, $Al(OH)_3$ はガラスやセラミックスの原料に用いられる．13族の窒化物は有用で，セン亜鉛鉱型構造をもつ c-BN はダイヤモンドと同じ構造をもつ非常に硬い物質で，熱にはダイヤモンドより強いので超硬工具に用いられている．AlN は熱伝導性に優れ，また熱膨張率はシリコン Si に近いことから半導体用基板に応用される．GaN は青色発光ダイオードとして脚光を浴びている．BN, AlN は絶縁体，GaN, InN は半導体である．

- **14族元素** 炭素 C，ケイ素 Si，ゲルマニウム Ge，スズ Sn，鉛 Pb の元素が属し，周期表の下へ向かって非金属元素から金属元素へと変わる．C の単体には，同素体としてダイヤモンド，グラファイト，無定形炭素，C_{60} に代表される<u>フラーレン</u>（fullerene）などがある．SiO_2 はガラスやセラミックスの原料に，PbO_2 は蓄電池に使われる．

- **15族元素** 窒素 N，リン P，ヒ素 As，アンチモン Sb，ビスマス Bi の元素が15族に属する．周期表の下にいくにつれて金属性が増加する．P の同素体の主なものには，黄リン，黒リン，赤リンがある．黄リンが一般的で，単結合だけをもつ P_4 の四面体からなる．水中で保存され，猛毒である．N の酸化物である N_2O は NH_4NO_3 を熱して得られる無色の気体で，麻酔性があり，笑気ともよばれる．

- **16族元素** 酸素 O，硫黄 S，セレン Se，テルル Te，ポロニウム Po の元素が属し，O～Te は非金属元素である．O_2 は常温・常圧で無色・無臭の気体で，同素体としてオゾン O_3 がある．S の単体には多くの同素体がある．固体として主なものは，α-S 硫黄（斜方晶系），β-S（単斜晶系），無定形 S がある．α-S は常温で最も安定な黄色の結晶で，王冠型の S_8 分子からなる．SF_6 は常温では無色・無臭・無毒の不燃性気体で，熱的，化学的にも極めて安定で高い電気絶縁性をもつので高圧変圧器や遮断器など電力機器の絶縁媒体として利用されている．

- **17族元素** フッ素 F，塩素 Cl，臭素 Br，ヨウ素 I，アスタチン At の元素が属し，<u>ハロゲン元素</u>と総称される．最外殻に ns^2np^5 の電子配置をもつ．F は電気陰性度が最も大きく，周期が増すにつれて電気陰性度は小さくなる．単体は常温ですべて2原子分子である．HF やその水溶液（<u>フッ酸</u>とよばれる）はガラスを侵す．そのためポリエチレンなどの容器に保存する．

- **18族元素** ヘリウム He，ネオン Ne，アルゴン Ar，クリプトン Kr，キセノン Xe，ラドン Rn が属し，総称して<u>希ガス</u>とよばれる．最外殻に ns^2np^6 の電子配置をもつ．原子半径は原子番号とともに大きくなり，イオン化エネルギーは逆に小さくなる．単体の融点や沸点は，原子番号とともに規則的に高くなる．いずれも単原子分子からなる無色・無臭の気体で，化学的にはきわめて不活性である．ヘリウムは沸点が 4.2 K ときわめて低いことから，安全な冷却剤として極低温物性研究には不可欠である．アルゴンは，電球の封入ガスやレーザー，溶接時の保護ガスなどに使われる．

---例題 1---
窒素 N_2, 酸素 O_2, 塩素 Cl_2, フッ化水素 HF, 塩化水素 HCl, 硫化水素 H_2S, アンモニア NH_3 を実験室でつくる方法を述べ, 反応を化学反応式で示せ.

解答 窒素：亜硝酸アンモニウムの濃い水溶液を加熱分解する.
$$NH_4NO_2 \longrightarrow N_2 + 2H_2O$$
酸素：過酸化水素水に触媒としての酸化マンガン (IV) を加える.
$$2H_2O_2 \longrightarrow 2H_2O + O_2$$
塩素：酸化マンガン (IV) に濃塩酸を加えて加熱する.
$$MnO_2 + 4HCl \longrightarrow MnCl_2 + 2H_2O + Cl_2$$
フッ化水素：ホタル石に濃硫酸を加える.
$$CaF_2 + H_2SO_4 \longrightarrow CaSO_4 + 2HF$$
塩化水素：塩化ナトリウムに濃硫酸を加え, 加熱する.
$$NaCl + H_2SO_4 \longrightarrow NaHSO_4 + HCl$$
硫化水素：硫化鉄 (II) に希硫酸を加える.
$$FeS + H_2SO_4 \longrightarrow FeSO_4 + H_2S$$
アンモニア：塩化アンモニウムと水酸化カルシウムの混合物を加熱する.
$$2NH_4Cl + Ca(OH)_2 \longrightarrow CaCl_2 + 2H_2O + 2NH_3$$

問題

6.1 アルミニウム Al や亜鉛 Zn の単体や酸化物, 水酸化物は, 酸とも強アルカリとも反応する. それらが酸 (HCl) や強塩基 (NaOH) の水溶液に溶ける反応を, 反応式で示せ.

6.2 塩化リン (III) PCl_3 の構造を推定せよ.

6.3 硫黄 S のオキソ酸の名称を挙げ, 化学式を書け.

6.4 フッ素 F の酸化物には $+1$ の酸化数のものしかないが, 塩素 Cl の酸化物には $+1$ 以外のものもある. なぜかを電子配置を基にして考えよ.

7 遷移元素の化学

7.1 4〜11族元素

　遷移元素は d 軌道や f 軌道が電子によって部分的占有されている元素で，その単体や化合物の性質はそれらの電子の挙動に大きく影響を受ける．

- **4 族元素**　チタン Ti，ジルコニウム Zr，ハフニウム Hf が属し，酸化状態は +4 が安定である．単体は酸やアルカリにあまり侵されない．TiO_2 は光触媒機能性を示す．
- **5 族元素**　バナジウム V，ニオブ Nb，タンタル Ta が属し，酸化状態としては +5，+4，+3，+2 が存在するが，原子番号の増加とともに低酸化状態は不安定になる．V_2O_5 は硫酸製造用触媒に，Nb_2O_5，Ta_2O_5 は強誘電体の原料に使用されている．
- **6 族元素**　クロム Cr，モリブデン Mo，タングステン W が属し，Cr は +3 が，Mo と W は +6 が安定である．CrO_2 は磁気テープに，WC は切削工具に利用されている．
- **7 族元素**　マンガン Mn，テクネチウム Tc，レニウム Re が属し，周期表の下にいくほど高い酸化状態が安定となる．Mn は合金原料として，Re はカルボン酸のアルコールへの水素化，カルボニル化合物への選択水素化などの触媒に用いられている．ReO_3 は −195 ℃ 近傍では銀に匹敵する電気伝導度をもつ．
- **8 族元素**　鉄 Fe，ルテニウム Ru，オスミウム Os があり，周期表の下にいくほど高い酸化状態をとる．Fe_3O_4 は黒色結晶で，室温で強い磁性を示す．$\alpha\text{-}Fe_2O_3$ は赤色顔料に使われる．RuO_2 はセラミックス抵抗体や抵抗センサとして利用されている．
- **9 族元素**　コバルト Co，ロジウム Rh，イリジウム Ir がある．Co は磁石への利用が多い．Rh は排ガス浄化用触媒に，また，白金 Pt との合金は熱電対や坩堝に利用される．Co を含む錯体として生体内のビタミン B_{12} が有名である．Rh を含む錯体であるウィルキンソン錯体は，オレフィンなどを還元する触媒として重要である．
- **10 族元素**　ニッケル Ni，パラジウム Pd，白金 Pt がある．Ni はニッケル水素電極の電極材料として，また，水素吸蔵合金や形状記憶合金などの成分として使われている．Pt を含む錯体に cis-$[PtCl_2(NH_3)_2]$ があり，強い制ガン活性を示す．
- **11 族元素**　銅 Cu，銀 Ag，金 Au がある．電子構造 $(n-1)d^{10}ns^1$ は 1 族元素と同じであるが，化学的性質の類似性はない．最も普通の酸化状態は Cu では +2，Ag は +1，Au は +3 である．Ag は最高の熱および電気伝導性を示し，Cu がそれに続く．Au は最高の延性・展性を示す．Ag_2O はボタン型酸化銀電池の正極材料に使われる．

例題 1

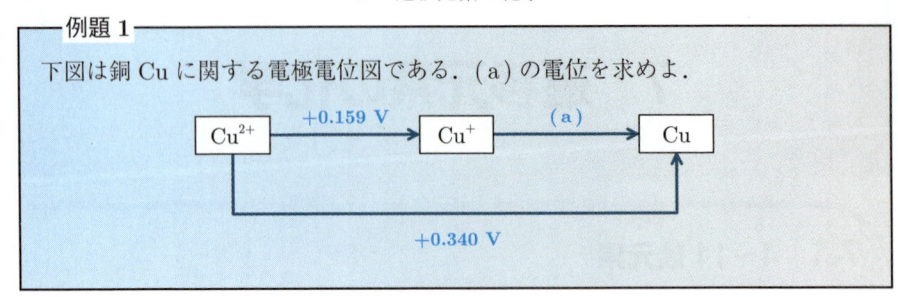

下図は銅 Cu に関する電極電位図である．(a) の電位を求めよ．

$$Cu^{2+} \xrightarrow{+0.159\,V} Cu^+ \xrightarrow{(a)} Cu$$

$$Cu^{2+} \xrightarrow{+0.340\,V} Cu$$

解答　電極反応：$M^{n+} + ne^- \longrightarrow M$ の自由エネルギー ΔG と電極電位 ε の間には，$\Delta G = -nF\varepsilon$ の関係がある．ここで，F はファラデー定数である．したがって

$Cu^{2+} + e^- \longrightarrow Cu^+$ の自由エネルギー ΔG_1 は，$\Delta G_1 = -1 \times F \times 0.159$

同様に

$Cu^{2+} + 2e^- \longrightarrow Cu$ の自由エネルギー ΔG_2 は，$\Delta G_2 = -2 \times F \times 0.340$

である．いま，(a) の電位を $x\,V$ とすると，$Cu^+ + e^- \longrightarrow Cu$ の自由エネルギー ΔG_3 は，$\Delta G_3 = -1 \times F \times x$ で与えられる．また，ΔG_1, ΔG_2, ΔG_3 の間には，$\Delta G_3 = \Delta G_2 - \Delta G_1$ の関係があるので

$$-1 \times F \times x = (-2 \times F \times 0.340) - (-1 \times F \times 0.159)$$

となる．これより，(a) は $+0.521\,V$．

問題

7.1 例にならって，$_{25}Mn$, $_{48}Cd$, $_{73}Ta$ の外殻電子配置を記せ．

例 $_{29}Cu$：$3d^{10}4s^1$

7.2 マンガン Mn とクロム Cr に関する次の記述 (a)～(e) で起こる反応を，化学反応式で示せ．

(a) 過酸化水素水に酸化マンガン (IV) を加える．

(b) 硫酸酸性過マンガン酸カリウム水溶液に硫酸鉄 (II) 水溶液を加える．

(c) クロム酸カリウム水溶液に硝酸銀水溶液を加える．

(d) クロム酸イオンを含む水溶液に酸を加える．次に得られた溶液をアルカリ性にする．

(e) 二クロム酸カリウムの硫酸酸性溶液に多量のヨウ化カリウムを加える．

7.3 金 Au や白金 Pt は硝酸に溶けないが，王水（硝酸と塩酸の混合液）には溶ける．その理由を考えよ．

7.2 希土類元素とアクチノイド元素

• **希土類元素** • ランタノイド元素とは原子番号が 57 のランタン La から 71 のルテチウム Lu までの一群の元素を指し，その電子配置は，$4f^n\,5d^0\,6s^2$ あるいは $4f^n\,5d^1\,6s^2$ で表される．これらの元素にスカンジウム Sc とイットリウム Y を加えた元素を希土類元素とよび，主な酸化状態は +3 である．ランタノイド元素では，原子番号の増加とともに原子半径やイオン半径が減少する．この現象をランタノイド収縮という．単体は，常温・常圧ではほとんどが六方最密構造をもつ金属結晶であるが，セリウム Ce，イッテルビウム Yb は立方最密構造，ユーロピウム Eu は体心立方構造，サマリウム Sm は斜方晶系の金属結晶である．最大の用途は，合金や金属間化合物としての永久磁石であるが，Tb-Fe 系，Gd-Co 系は磁気記録材料として，$LaNi_5$ は水素吸蔵合金として注目されている．La_2O_3 はコンデンサや光学レンズの原料に，CeO_2 は光学ガラスなどの研磨剤に，Eu_2O_3，Tb_2O_3 は蛍光体に，Er_2O_3 は光ファイバー増幅器に，Nd_2O_3 や $Y_3Al_5O_{12}$ はレーザーに使用されている．La-Ba-Cu 系酸化物は最初に発見された超伝導物質である．Y-Ba-Cu 系超伝導体の超伝導転移温度は $-182\,°C$ で，液体窒素温度 ($-196\,°C$) より高い．

• **アクチノイド元素** • アクチノイド元素とは原子番号が 89 のアクチニウム Ac から 103 のローレンシウム Lr までの一群の元素を指す．これらの元素はいずれも放射性で，その主な壊変様式は，α 壊変と β^- 壊変である．酸化状態としては +1 から +7 までの状態をとる．この元素群においても，ランタノイド元素の場合と同様，原子番号の増加とともに原子半径が減少する．この現象をアクチノイド収縮という．トリチウム Th やウラン U は，酸化物やケイ酸塩，リン酸塩の形でかなりの量が地殻中に存在するが，核燃料として利用される ^{235}U は 0.72 % しか存在しない．^{227}Ac，^{228}Ac，プロトアクチニウム ^{231}Pa，^{234}Pa なども天然に存在するが，わずかの量である．この他のアクチノイド元素は，すべて核反応によって得られる人工元素である．^{287}Ac のマクロ量は原子炉中でラジウム ^{226}Ra に中性子 (^1_0n) を照射してつくられる．

$$^{226}_{88}Ra + ^1_0n \longrightarrow ^{227}_{88}Ra + \gamma$$

$$^{227}_{88}Ra \longrightarrow ^{227}_{89}Ac + \beta^-$$

単体は，常温・常圧で Ac, Th, キュリウム Cm は立方晶，Pa は正方晶，U，ネプツニウム Np は斜方晶，プルトニウム Pu は単斜晶，アメリシウム Am は六方晶で，いずれも銀白色あるいは銀灰色の金属結晶である．

例題 2

放射性同位元素の壊変の式は，次のように表される．

$$-\frac{dN}{dt} = \lambda N$$

ここで，N は壊変する原子の数，t は時間で，λ は壊変定数とよばれ元素に特有な定数である．壊変する原子の数が半分になるまでの時間は半減期とよばれる．半減期を壊変定数 λ を用いて示せ．

[解答] 与えられた式：$-dN/dt = \lambda N$ を積分して

$$N = N_0 e^{-\lambda t}$$

ただし，N_0, N は，それぞれ $t = 0, t = t$ のときの原子の数である．上の式で，$N = N_0/2$ になるときの時間が半減期 $T_{1/2}$ であるので

$$\frac{N_0}{2} = N_0 e^{-\lambda T_{1/2}}$$

これより

$$T_{1/2} = \frac{\log_e 2}{\lambda} = \frac{0.693}{\lambda}$$

となる．

主な放射性核種の半減期

核種	半減期	核種	半減期
^{3}H	12.33 年	^{40}K	12.77 億年
^{14}C	5730 年	^{90}Sr	28.5 年
^{32}P	14.262 日	^{137}Cs	30.0 年

問題

7.4 例にならって，$_{39}$Y, $_{57}$La, $_{62}$Sm, $_{64}$Gd, $_{89}$Ac, $_{92}$U, $_{95}$Am の外殻電子配置を記せ．

  例 Sc：$3d^1 4s^2$

7.5 下図に，$^{223}_{88}$Ra の壊変系列を示す．α は α 壊変を示し，この場合 α 粒子 1 個の放出によって，原子核は原子番号が 2，質量数が 4 だけ減少する．β は β 壊変を示す．この場合，電子が放出される場合は β^- 壊変といい，原子番号が 1 だけ増加する．一方，陽電子が放出される場合は β^+ 壊変といい，原子番号が 1 だけ減少する．空欄 ( ) に数字，□ に元素記号を入れよ．

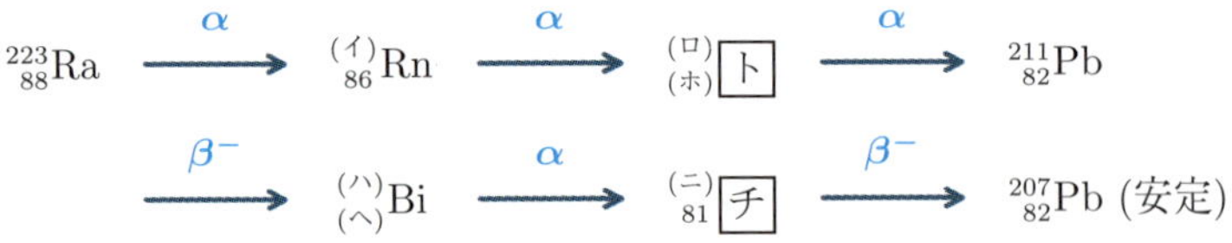

$$^{223}_{88}\text{Ra} \xrightarrow{\alpha} {}^{(\text{イ})}_{86}\text{Rn} \xrightarrow{\alpha} {}^{(\text{ロ})}_{(\text{ホ})}\boxed{\text{ト}} \xrightarrow{\alpha} {}^{211}_{82}\text{Pb}$$

$$\xrightarrow{\beta^-} {}^{(\text{ハ})}_{(\text{ヘ})}\text{Bi} \xrightarrow{\alpha} {}^{(\text{ニ})}_{81}\boxed{\text{チ}} \xrightarrow{\beta^-} {}^{207}_{82}\text{Pb}\ (安定)$$

8 錯体の化学

8.1 錯体の命名法と立体配置

8.1.1 錯体の命名法

- **化学式の書き方** 錯体の化学式は次のような規則に従って書かれる.
① 錯体がイオン性の場合は陽イオンを先に書く．陽イオンや陰イオンの種類が複数ある場合は，それぞれの化学式の先頭にくる元素のアルファベット順に並べる．
② 錯体部分の化学式全体を [ ] で囲む．化学式では中心原子の元素記号を先頭におき，次に配位子を書く．
③ 配位子は陰イオン性配位子，陽イオン性配位子，中性配位子の順に並べる．配位子が複数ある場合は，化学式の先頭にくる元素のアルファベット順に並べる．

- **配位子の命名法** 配位子には，無機化合物，有機化合物，イオンなど多くの種類がある．その命名法は，以下の規則に従う．
① 陰イオン性配位子の名称は，その英語名の語尾の「e」を「o」に変えて用いる．しかし，ハロゲン化物イオンや酸化物イオンなどはこの規則に従わない場合もある．
② 中性配位子や陽イオン性配位子は，原則的にそのままの名称を用いる．
③ 1つの配位子の中に配位原子が2つ以上ある場合には，その原子を斜体（イタリック）で表し，配位子の名称の後ろに書き加える．
④ 錯体に含まれる配位子の数を示すには，次の数詞が用いられる．

　　1：mono（モノ）　2：di（ジ）　3：tri（トリ）　4：tetra（テトラ）　5：penta（ペンタ） …

配位子が複雑な原子団や有機化合物の場合は，数詞として以下のものが用いられ，配位子名を ( ) で囲む．

　　2：bis（ビス）　3：tris（トリス）　4：tetrakis（テトラキス）　5：pentakis（ペンタキス） …

⑤ 有機物の配位子で化学式が複雑なときは省略記号が用いられる．

- **錯体の命名法** 錯体の命名法の基本的な規則を以下に示す．
① 配位子の名称を先におき，続いて中心原子の元素名をおく．中心原子の酸化数は，原子の元素名の後ろに ( ) 内のローマ数字で示す．配位子が複数ある場合は，英語では中性配位子，イオン性配位子の順に，日本語では，中心原子に近い配位子の順

に並べる．配位子の数を示す数詞は考慮しない．
② 錯体が陰イオンのときは，英語名では中心金属イオンの元素名の語尾に -ate を付ける．日本語では「酸」を付ける．陽イオンのときは，中心金属イオンの元素名そのままで配位子名の後ろに書く．
③ 多核錯体では，中心原子を架橋する配位子の前に μ- を付ける．

8.1.2 錯体の立体配置

錯体の立体配置は中心原子またはイオンの配位数によって決まる．配位数と立体配置の関係を以下に示す．

- **1 配位錯体** AgSCN や 2,4,6-$Ph_3C_6H_2$Cu が知られている．後者では，配位子が立体的にかさ高いため，Cu の配位数が小さくなる．
- **2 配位錯体** 配置構造には直線型と折れ線型構造の 2 つがある．d^{10} 電子配置をもつ Cu(I), Ag(I), Au(I), Hg(II) などを中心金属イオンとする錯体は直線型構造である．
- **3 配位錯体** 平面三角形と三方錐の構造をとることが知られている．前者の例としては $[HgI_3]^-$ や $[Cu(SPh)_3]_2^-$ などが，後者の例としては $[SbI_3]$ が知られている．
- **4 配位錯体** 6 配位錯体と並んで多くみられる錯体で，基本的な構造は正四面体型と平面四角形型である．d^8 電子配置をもつ Au(III), Pt(II), Pd(II) などを中心金属イオンとする錯体は平面四角形型をとる．しかし，同じ d^8 電子配置をもつ Ni(II) は，大部分が 6 配位錯体をつくる．
- **5 配位錯体** 基本的な構造は三方両錐型と四角錐型である．2 つの構造間のエネルギー差は小さい．三方両錐型構造をとるものには $[CuCl_5]^{3-}$, $[Fe(CO)_5]$, $[SnCl_5]^-$ などが，四角錐型構造には $[VO(H_2O)_4]^{2+}$, $[Ni(CN)_5]^{3-}$ などがある．
- **6 配位錯体** 最も多くみられる錯体で，配置構造には八面体型構造と三角柱型構造などがあるが，ほとんどが八面体型構造である．八面体型構造をとる代表的な中心金属イオンとしては，Cr(III) (d^3 電子配置), Fe(III) (d^5), Fe(II), Co(III), Rh(III) (d^6), Ni(II) (d^8) などがある．
- **7 配位以上の錯体** 7 配位錯体の主要な立体配置は五方両錐 ($[ZrF_7]^{3-}$)，面冠八面体 ($[NbOF_6]^{3-}$)，面冠三角柱 ($[NbF_7]^{2-}$) である．8 配位錯体の構造には立方体型 ($[UF_8]^{3-}$)，正方アンチプリズム型 ($[TaF_8]^{3-}$)，三角十二面体型 ($[Mo(CN)_8]^{4-}$)，六方両錐型 ($[UO_2(CH_3COO)_3]^-$) の構造が知られている．9 配位錯体の立体構造には三面冠三角柱型構造 ($[ReH_9]^{2-}$)，10 配位錯体には二重三方両錐 ($[Ce(NO_3)_5]^{2-}$)，12 配位錯体には三角二十面体型構造 ($[Ce(NO_3)_6]^{2-}$) がある．

8.1 錯体の命名法と立体配置

―― 例題 1 ――

次の錯体 (1)～(4) の名称を日本語で記せ．

(1) $[Co(NH_3)_6]Cl_3$ (2) $[Fe(CN)_6]^{4-}$
(3) $[CoCl(NH_3)_5]SO_4$ (4) $[Cu(acac)_2]$

解答 (1) 配位子 NH_3 の名称は「アンミン」，配位子の数 6 個は「ヘキサ」，Co の酸化数は III であるので，錯体 $[Co(NH_3)_6]Cl_3$ の名称は，「ヘキサアンミンコバルト (III) 塩化物」となる．

(2) 配位子 CN^- の名称は「シアノ」，配位子の数 6 個は「ヘキサ」，Fe の酸化数は II であるので，錯イオン $[Fe(CN)_6]^{4-}$ の名称は，「ヘキサシアノ鉄 (II) 酸イオン」となる．

(3) 配位子 Cl^-，NH_3 の名称は，それぞれ「クロロ」，「アンミン」，配位子の数 5 個は「ペンタ」，Co の酸化数は III であるので，錯体 $[CoCl(NH_3)_5]SO_4$ の名称は，「クロロペンタアンミンコバルト (III) 硫酸塩」となる．

(4) 配位子「acac」は，アセチルアセトンイオン $(CH_3COCHCOCH_3)^-$ の略記号で，名称は「アセチルアセトナト」，配位子は有機化合物で，その数は 2 個より，数詞は「ビス」となる．また，Cu の酸化数は II であるので，錯体 $[Cu(acac)_2]$ の名称は，「ビス（アセチルアセトナト）銅 (II)」となる．

配位子	名称	略称
H_2O	アクア	
O^{2-}	オキソ	
$C_2O_4^{2-}$	オキサラト	ox
$H_2NCH_2CH_2NH_2$	エチレンジアミン	en

問題

8.1 次の錯体 (a)～(c) の名称を日本語と英語で記せ．
  (a) $[Co(H_2O)_6]Cl_3$ (b) $[Co(CN)_3(NH_3)_3]$ (c) $Na_3[Co(NO_2)_6]$

8.2 次の錯体や錯イオンを化学式で示せ．
  (a) ジクロロジアクアコバルト (II)
  (b) テトラクロロ白金 (II) 酸ナトリウム
  (c) クロロニトロジアンミン白金 (II)
  (d) pentaaquahydroxoaluminum(III) ion
  (e) diamminedichloroplatinum(II)

8.2 錯体における結合理論

錯体における結合の理論には，中心金属イオンと配位子との間の結合を静電的な結合とする結晶場理論と共有結合性を考慮した配位子場理論がある．ここでは，結晶場理論を取りあげる．

8.2.1 d軌道の分裂

6配位正八面体型錯体では，x, y, z軸の直交座標の原点に中心金属イオンがあり，6つの配位子が各軸上の±の位置にあって中心金属イオンの近くに配位するようになると，縮退していた5つのd軌道のエネルギー準位は準位の高いe_g（d_{z^2}軌道，$d_{x^2-y^2}$軌道）と低いt_{2g}（d_{xy}, d_{yz}, d_{zx}軌道）に分裂する．これを結晶場分裂という．また，2つの準位間のエネルギー差を結晶場分裂エネルギーといい，Δ_o（あるいは$10Dq$）で表される．分裂したd軌道のうちエネルギー準位の低い軌道に電子が入ると，電子1個当たり系全体のエネルギーは$2\Delta_o/5$（Δ_oの代わりに$10Dq$を用いると$4Dq$になる）だけ分裂前より低下する．一方，エネルギー順位の高い軌道に電子が入ると$3\Delta_o/5$（$6Dq$）だけ高くなる．d^3の場合は，3個の電子はすべてエネルギー準位の低い軌道に入る（t_{2g}^3）ので，系全体のエネルギーは分裂前より$3 \times (-4Dq) = -12Dq$だけ低下する．このような結晶場分裂によって生じる安定化のエネルギーを結晶場安定化エネルギー（CFSE）という．

4配位正四面体型錯体では，4つの配位子が立方体の8つの頂点のうち，たがいに対角関係にある頂点にあるとする．この場合，縮退していた5つのd軌道のエネルギー準位は，準位の高いt_{2g}（d_{xy}, d_{yz}, d_{zx}軌道）と低いe_g（d_{z^2}軌道，$d_{x^2-y^2}$軌道）の2つに分裂する．四面体型錯体と八面体型錯体において，中心金属イオンと配位子が同じで，その間の距離も同じと仮定すると，結晶場分裂エネルギーΔ_tとΔ_oとの間には$\Delta_t = 4\Delta_o/9$の関係がある．

8.2.2 高スピン状態と低スピン状態

八面体型錯体で分裂したd軌道に電子を詰めていく場合，電子数1個から3個まではフントの法則に従ってエネルギーの低いt_{2g}軌道に同じスピン量子数で入る．しかし，4個目の電子になると，軌道への電子の入り方には2通りある．t_{2g}軌道に既に入っている電子とスピン量子数を異にして入るか，エネルギーの高いe_g軌道に，t_{2g}軌道に入っている電子と同じスピン量子数で入る入り方である．2通りの入り方でスピン量子数の総和を比較すると，前者の場合では，$(+1/2) \times 3 + (-1/2) = 1$，後者の場合は，$(+1/2) \times 4 = 2$となるので，前者のような電子配置を低スピン状態，後者を高スピン状態という．

8.2 錯体における結合理論

― 例題 2 ―

八面体型錯体の結晶場安定化エネルギーについて，下表の (a)〜(w) を埋めよ．

d^n	高スピン型		低スピン型	
	電子配置	CFSE (Dq)	電子配置	CFSE (Dq)
d^1	t_{2g}	(h)		
d^2	t_{2g}^2	(i)		
d^3	(a)	12		
d^4	(b)	(j)	(p)	(t)
d^5	(c)	(k)	(q)	(u)
d^6	(d)	(l)	(r)	(v)
d^7	(e)	(m)	(s)	(w)
d^8	(f)	(n)		
d^9	(g)	(o)		

【解答】 分裂した d 軌道のうちエネルギー準位の低い軌道に電子が入ると，電子 1 個当たり系全体のエネルギーは $2\Delta_o/5$（$=4Dq$）だけ分裂前より低下する．一方，エネルギー順位の高い軌道に電子が入ると $3\Delta_o/5$（$=6Dq$）だけ高くなる．したがって

(a) t_{2g}^3 (b) $t_{2g}^3 e_g^2$ (c) $t_{2g}^3 e_g^2$ (d) $t_{2g}^4 e_g^2$ (e) $t_{2g}^5 e_g^2$

(f) $t_{2g}^6 e_g^2$ (g) $t_{2g}^6 e_g^3$ (h) 4 (i) 8 (j) 6

(k) 0 (l) 4 (m) 8 (n) $12\,(=-\{6\times(-4)+2\times6\})$

(o) $6\,(=-\{6\times(-4)+3\times6\})$ (p) t_{2g}^4 (q) t_{2g}^5 (r) t_{2g}^6

(s) $t_{2g}^6 e_g$ (t) $16\,(=-\{4\times(-4)\})$ (u) $20\,(=-\{5\times(-4)\})$

(v) $24\,(=-\{6\times(-4)\})$ (w) $18\,(=-\{6\times(-4)+1\times6\})$

問 題

8.3 四面体型錯体の結晶場安定化エネルギーについて，下表の (a)〜(n) を埋めよ．

d^n	電子配置	CFSE (Dq)	d^n	電子配置	CFSE (Dq)
d^1	(a)	(b)	d^6	(i)	(j)
d^2	(c)	(d)	d^7	(k)	(l)
d^3	$e_g^2 t_{2g}$	3.56	d^8	(m)	(n)
d^4	(e)	(f)	d^9	$e_g^4 t_{2g}^5$	1.78
d^5	(g)	(h)			

8.3 錯体の電子スペクトルと磁気モーメント

8.3.1 錯体の電子スペクトル

d 電子をもつ錯体に紫外，可視領域の光を照射するとスペクトルを与える．このスペクトルには，分裂した中心金属イオンの d 軌道間の電子遷移（d-d 遷移）による d-d 吸収帯，あるいは可視光領域で観測される配位子場吸収帯，中心金属イオンと配位子間の電子移動に基づく可視部から紫外にわたって観測される強い電荷移動 (CT) 吸収帯，配位子内の π 軌道間の電子遷移による紫外部に観測される強い π-π 吸収帯がある．d-d 吸収帯の波長は配位子の種類によって変わり，中心金属イオンに強い影響を及ぼす配位子ほど短波長に吸収帯を与える．八面体型錯体において影響の強い配位子から順に並べると次のようになる．

$$CO > CN^- > NO_2^- > NH_3 > CH_3CN > NCS^-$$
$$> H_2O > C_2O_4^{2-} > OH^- > F^- > Cl^- > Br^- > I^-$$

この順序は分光化学系列とよばれる．

8.3.2 錯体の磁気モーメント

磁性の基本的な量は磁気モーメントである．磁気モーメントには，電子の軌道運動により生じる軌道磁気モーメントと電子のスピンにともなうスピン磁気モーメントがある．

多電子系の有効磁気モーメント M_eff は，全電子に対する角運動量の大きさを表す量子数 L, S, J とすると，次式で表される．

$$M_\text{eff} = gM_\text{B}\{J(J+1)\}^{1/2}, \quad g = \frac{3}{2} + \frac{S(S+1) - L(L+1)}{2J(J+1)} \tag{8.1}$$

ここで，M_B はボーア (Bohr) 磁子とよばれる定数で 1.165×10^{-29} (Wb m) で，g は g 係数とよばれる．d 軌道は配位子場の影響によって大きく分裂するので，d 電子の軌道角運動量の寄与が消失することが多い．そこで，$L = 0, S = J$ とし，不対電子の数を m で表すと $S = m/2$ となるので，式 (8.1) は次のようになる．

$$M_\text{eff} = M_\text{B}\{m(m+2)\}^{1/2} \tag{8.2}$$

有効磁気モーメントの大きさは，ボーア磁子を単位 (BM) として，以下のように表される．

$$M_\text{eff} = \{m(m+2)\}^{1/2} \text{ (BM)} \tag{8.3}$$

8.3 錯体の電子スペクトルと磁気モーメント

例題 3

八面体型錯体の磁気モーメント M_{eff} について，下表の (a)〜(x) を埋めよ.

d^n	高スピン型		低スピン型	
	不対電子数	M_{eff} (BM)	不対電子数	M_{eff} (BM)
d^1	1	(h)		
d^2	2	(i)		
d^3	(a)	(j)		
d^4	(b)	(k)	(q)	(u)
d^5	(c)	(l)	(r)	(v)
d^6	(d)	(m)	(s)	(w)
d^7	(e)	(n)	(t)	(x)
d^8	(f)	(o)		
d^9	(g)	(p)		

[解答] 例題 2 の電子配置より不対電子数を知ることができる．また，磁気モーメント M_{eff} は，$M_{eff} = \{m(m+2)\}^{1/2}$ (BM) (m は不対電子数) で与えられるので，不対電子数から計算できる．したがって

(a) 3　(b) 4　(c) 5　(d) 4　(e) 3
(f) 2　(g) 1　(h) 1.73　(i) 2.83　(j) 3.87
(k) 4.90　(l) 5.92　(m) 4.90　(n) 3.87　(o) 2.83
(p) 1.73　(q) 2　(r) 1　(s) 0　(t) 1
(u) 2.83　(v) 1.73　(w) 0　(x) 1.73

問 題

8.4 四面体型錯体の磁気モーメント M_{eff} について，下表の (a)〜(l) を埋めよ.

d^n	不対電子数	M_{eff} (BM)	d^n	不対電子数	M_{eff} (BM)
d^1	1	1.73	d^6	(g)	(h)
d^2	(a)	(b)	d^7	(i)	(j)
d^3	(c)	(d)	d^8	(k)	(l)
d^5	(e)	(f)			

8.5 $[Ti(H_2O)_6]^{3+}$ の錯イオンは 500 nm に吸収帯をもつ．配位子による d 軌道の分裂の大きさ (Δ_o) はいくらか.

8.4 錯体の安定度と反応

8.4.1 錯体の安定度

金属イオンを M, 配位子を L として錯体形成反応を示すと，次のようになる．

$$M + L \rightleftarrows ML$$

$$ML + L \rightleftarrows ML_2$$

$$\vdots$$

$$ML_{n-1} + L \rightleftarrows ML_n$$

ここでは煩雑さを避けるために金属イオン，配位子，錯体の電荷は省略している．このときの各反応の平衡定数を $K_1, K_2, \cdots, K_n$ を各錯体の安定度定数または生成定数（あるいは錯生成定数）といい，各錯体の安定度定数の積

$$\beta_n = K_1 K_2 \cdots K_n = \frac{[ML_n]}{[M][L]^n}$$

を全安定度定数という．これに対して，$K_1, K_2, \cdots, K_n$ は逐次安定度定数とよばれる．

錯体の安定度は中心金属イオンや配位子に影響される．同じ配位子をもつ錯体では中心金属イオンの半径が小さいほど，電荷が大きいほど安定度定数は増大する．2価の金属イオンを含む八面体型錯体の安定度定数の大きさは，配位子の種類によらず

$$Mn^{2+} < Fe^{2+} < Co^{2+} < Ni^{2+} < Cu^{2+} > Zn^{2+}$$

の順になることが見いだされおり，この系列をアービング-ウィリアムズ (Irving-Williams) 系列という．一方，配位子はルイス塩基であるので，同じ中心金属イオンをもつ錯体では配位子の極性が大きいほど安定度定数は増大する．

8.4.2 錯体の反応

- **配位子置換反応** 錯体内の配位子 L が別の配位子 L′ と置き換わる反応で，反応機構により解離機構 (D)，会合機構 (A)，交替機構 (I) に大別される．錯体内の中心金属イオンが他の金属イオンと置き換わる反応を金属イオン置換反応といい，この反応にも解離機構，会合機構，交替機構がある．

- **電子移動反応** 2つの錯体が反応するときに錯体間で電子の授受がある反応で，反応機構により内圏型機構と外圏型機構に大別される．この反応では中心金属イオンの電荷が変化する．

8.4 錯体の安定度と反応

例題 4

金属イオン M^{2+} と陰イオン L^{2-} は錯体 ML をつくり，その安定度定数は K である．溶液中の L^{2-} 濃度が $a\,\mathrm{mol}\,l^{-1}$ のとき，金属イオン M^{2+} の全濃度のうちに占める金属イオン M^{2+} および錯体 ML の割合はそれぞれ何 % か，K, a を用いた式で示せ．

解答 金属イオン M^{2+} の全濃度 $[M^{2+}]_{\text{total}}$，溶液中の M^{2+} の濃度を $[M^{2+}]$，L^{2-} の濃度を $[L^{2-}]$，錯体 ML の濃度を $[ML]$ で表すと

$$[M^{2+}]_{\text{total}} = [M^{2+}] + [ML] \tag{1}$$

$$K = [ML]/[M^{2+}][L^{2-}] \tag{2}$$

であるので，金属イオン M^{2+} および錯体 ML の割合 (%) をそれぞれ A, B とすると

$$A = 100[M^{2+}]/[M^{2+}]_{\text{total}}, \quad B = 100[ML]/[M^{2+}]_{\text{total}}$$

式 (1) より

$$A = 100[M^{2+}]/([M^{2+}] + [ML]) = 100/(1 + [ML]/[M^{2+}])$$
$$B = 100[ML]/([M^{2+}] + [ML]) = 100/\{([M^{2+}]/[ML]) + 1\}$$

いま，式 (2) より

$$[ML]/[M^{2+}] = K[L^{2-}]$$

よって

$$A = \frac{100}{1 + K[L^{2-}]} = \frac{100}{1 + Ka}$$
$$B = \frac{100}{(1/K[L^{2-}]) + 1} = \frac{100}{(1/Ka) + 1} = \frac{100Ka}{1 + Ka}$$

問題

8.6 次の錯体 (a), (b) の幾何異性体についてその構造を書け．
 (a) $[PtCl_2(NH_3)_2]$ (b) $[CoCl_2(NH_3)_4]^+$

8.7 配位子が錯体の安定度定数に及ぼす影響について説明せよ．

8.8 ある分子 X_2 と X^- イオンは錯イオン X_3^- を形成する．X^- イオン濃度 $2.0 \times 10^{-1}\,\mathrm{mol}\,l^{-1}$ の水溶液 $1.0\,l$ に $3.0 \times 10^{-1}\,\mathrm{mol}$ の X_2 を加えると，最初の X^- イオンの 75 % が錯イオンになった．錯イオン X_3^- の安定度定数を求めよ．

総合演習問題

1

水素 H_2, 塩素 Cl_2, 臭素 Br_2, 塩化水素 HCl および臭化水素 HBr の解離エネルギーはそれぞれ $436\,\mathrm{kJ\,mol^{-1}}$, $243\,\mathrm{kJ\,mol^{-1}}$, $193\,\mathrm{kJ\,mol^{-1}}$, $432\,\mathrm{kJ\,mol^{-1}}$ および $366\,\mathrm{kJ\,mol^{-1}}$ である。これらの値から，HCl および HBr の結合の性質を比較せよ。

2

ヘリウム He の第 2 イオン化ポテンシャルは $54.4\,\mathrm{eV}$ である。水素のイオン化ポテンシャル $13.6\,\mathrm{eV}$ と比較せよ。

3

ヨウ素 $I_2\,(g)$, $I\,(g)$ の標準生成エンタルピーは，それぞれ $62.3\,\mathrm{kJ\,mol^{-1}}$, $106.9\,\mathrm{kJ\,mol^{-1}}$ である。結合 I–I の $25\,°\mathrm{C}$ での結合エネルギーを求めよ。ただし，(g) は気体の状態を表す。

4

下の標準生成エンタルピーの表を用いて，中和反応

$$\mathrm{HCl\,(aq)} + \mathrm{NaOH\,(aq)} \longrightarrow \mathrm{NaCl\,(aq)} + \mathrm{H_2O\,(l)}$$

のエンタルピー変化を計算せよ。ただし，(l), (aq) はそれぞれ，液体，水溶液を示す。

標準生成エンタルピー $\Delta H_\mathrm{f}^\circ$

物質	状態	$\Delta H_\mathrm{f}^\circ\ (\mathrm{kJ\,mol^{-1}})$
H_2O	l	-285.9
Na^+	aq	-240.1
Cl^-	aq	-167.2
OH^-	aq	-230.0

5

$1\,\mathrm{mol}$ の結晶の全ポテンシャルエネルギー E が

$$E = -\frac{NA|z_+ z_-|e^2}{4\pi\varepsilon_0 r} + \frac{B}{r^n}$$

(N：アボガドロ定数，A：マーデルング定数，ε_0：真空の誘電率，e：電気素量，

n：ボルン指数，z_+：陽イオンの電荷，z_-：陰イオンの電荷，B：定数）で与えられるとすると，イオンが平衡位置 $r = r_0$ にあるとき，格子エネルギー U は

$$U = \frac{NA|z_+ z_-|e^2(1 - 1/n)}{4\pi\varepsilon_0 r_0}$$

で表されることを示せ．

■ 6 ■

1 mol の結晶の全ポテンシャルエネルギー E が，問題 5 のように与えられるとすると，ボルン指数 n は結晶の圧縮率 $\beta\,(=-(1/V)(dV/dP))$（V：体積，P：圧力）を用いて次式で表されることを示せ．

$$n = 1 + \frac{36\pi\varepsilon_0 r_0^4}{\rho\beta A|z_+ z_-|e^2}$$

ただし，ρ は一辺 r_0 の立方体中に存在する分子の数である．

■ 7 ■

塩化カリウム KCl(s) は塩化ナトリウム型結晶構造をとる．KCl(s) の格子エネルギーを，問題 5 の式 U において，r_0 を 0.314 nm，n を 10，A を 1.75 として計算せよ．また，その値と下のデータを用いて KCl(s) の昇華熱を求めよ．ただし，アボガドロ定数 $N = 6.02 \times 10^{23}\,\text{mol}^{-1}$，真空の誘電率 $\varepsilon_0 = 8.85 \times 10^{-12}\,\text{F m}^{-1}$，電気素量 $e = 1.60 \times 10^{-19}\,\text{C}$ である．

データ：K–Cl 結合エネルギー　　424 kJ mol^{-1}
　　　　K のイオン化エネルギー　418 kJ mol^{-1}
　　　　Cl の電子親和力　　　　349 kJ mol^{-1}

■ 8 ■

ブタジエン（右図）のような π 電子共役系をもつ分子の吸収スペクトルは，井戸型ポテンシャルを仮定するとうまく説明できる．いま，ブタジエン分子が，一番エネルギーの低い状態と次に低いエネルギーをもつ状態とのエネルギー差に相当する光を吸収して励起されるとすると，その光の波長は何 nm か．

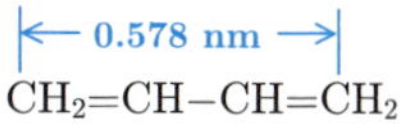

$\xleftarrow{\ 0.578\,\text{nm}\ }$
$\text{CH}_2=\text{CH}–\text{CH}=\text{CH}_2$

■ 9 ■

アレン $\text{H}_2\text{C}=\text{C}=\text{CH}_2$ 分子の構造は，直線上に 3 個の C 原子があり，左の H–C–H の面と右の H–C–H の面は直交している．各 C 原子の混成の結合様式からこの構造を解釈せよ．

10

単純立方格子の結晶に波長 1.54×10^{-1} nm の X 線を照射したところ (1 0 0) 面に対する干渉が $2\theta = 32.4°$ で強く現れた．(1 1 0), (1 1 1) 面に対する干渉が強く現れる角度 (2θ) はいくらか．

11

格子面 ($h\ k\ l$) での回折波は，その格子面を構成する原子の散乱波の合成波として表される．n 個の原子の位置が分数座標で $(u_1\ v_1\ w_1), (u_2\ v_2\ w_2), \cdots, (u_n\ v_n\ w_n)$ にあるとき，($h\ k\ l$) 面反射に対して，原子 j による散乱波と原点 (0 0 0) にある原子による散乱波の位相のずれは，$2\pi(hu_j + kv_j + lw_j)$ で表される．これより，単位格子内の全原子による散乱波の散乱振幅は，原子 j の原子散乱因子を f_j を用いて

$$F(h\ k\ l) = \sum_{i}^{n} f_j \exp\{i2\pi(hu_j + kv_j + lw_j)\}$$

で表される．$F(h\ k\ l)$ は構造因子と呼ばれ，回折線の強度 I_{hkl} はこの因子の 2 乗に比例する．分数座標 $(u_j\ v_j\ w_j)$ は，原子 j の単位格子の原点に対する座標 $(x_j\ y_j\ z_j)$ をそれぞれの方向の単位格子長 a, b, c との比 $(x_j/a\ y_j/b\ z_j/c)$ で表したものである．上式に代わって

$$F(h\ k\ l) = \sum_{i}^{n} f_j \{\cos 2\pi(hu_j + kv_j + lw_j) + i\sin 2\pi(hu_j + kv_j + lw_j)\}$$

の三角方程式が使われることもある．これらについては，詳しくは専門書を参照せよ．上記のことを用いて，体心立方構造をもつ金属の構造因子を求め，その (1 1 1) 面からの X 線の回折線が観察されないことを示せ．

12

問題 11 と同様に考えて，面心立方構造をもつ金属における (1 1 1) 面からの回折線についてはどうか．

13

塩化ナトリウム NaCl の密度は 2.164 g cm^{-3} である．波長 0.1539 nm の X 線を用いると，NaCl からの最小角度の回折線は何度に現れるか．また，最も大きい角度の回折線はどの面からの回折と考えられるか．なお，Na, Cl の原子量は，それぞれ 22.99, 35.45 である．

14

右図の平行六面体 ABCD – EFGH の体積を表す式を導け．また，この式を使って，立方晶，正方晶，斜方晶，六方晶，三方晶，単斜晶，三斜晶の単位格子の体積を，格子定数を用いて表せ．

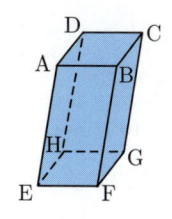

15

点欠陥を表示する方法としては，クレーガー-ビンク (Kröger-Vink) 表示法がある．この表示法によれば酸化物

V_O ：酸素空孔
V_M ：金属空孔
O_i ：格子間酸素
M_i ：格子間金属

また，欠陥の有効電荷は上つきの添字で示される．すなわち，正電荷 1 につきドット ($\cdot$)，負電荷 1 につきダッシュ ($\prime$)，電荷が 0 にはバツ印 ($\times$) で，電子は $e^\prime$，正孔は $h^\cdot$ と表される．次の (a)〜(e) の記号の意味を例にならって書け．

例 $O_O^\times$：正規格子位置の酸素イオン

(a) $V_O^{\cdot\cdot}$ (b) $O_i^{\prime\prime}$ (c) $M_i^\cdot$ (d) $V_M^\prime$ (e) $M_M^\times$

16

イオン結晶 MX にみられるショットキー型とフレンケル型欠陥について，その欠陥対をクレーガー-ビンク表示法で示せ．

17

欠陥の濃度は，一般的にはサイト分率（(欠陥の数)/(サイトの全数)）で表される．いま，組成 MO_{2-x} の酸素不足型酸化物では，欠陥の濃度 $[V_O^{\cdot\cdot}]$ は次のように計算される．

$$O/M = 2 - x = \frac{(格子の酸素サイトの全数) - (酸素空孔の数)}{(格子の金属サイトの全数)}$$

また，(格子の酸素サイトの全数) $= 2 \times$ (格子の金属サイトの全数) の関係がある．いま，$[V_O^{\cdot\cdot}] =$ (酸素空孔の数)/(格子の酸素サイトの全数) に上の関係を用いると，$[V_O^{\cdot\cdot}] = x/2$ となる．

同様にして，格子間位置に酸素が存在する酸素過剰型 MO_{2+x} について，$[O_O^{\prime\prime}] = x/2$ になることを示せ．

18

$Mn_{0.94}O$ 中のマンガン空孔のサイト分率を求めよ．

19

$1.00 \times 10^{-8} \, mol \, l^{-1}$ HCl の pH を求めよ．なお，$K_w = 1.00 \times 10^{-14}$ とせよ．

20

大気中の二酸化炭素 CO_2 濃度は年々増加してきている．WMO (世界気象機関) 温室効果ガス年報 (気象庁訳) によると，2006 年の世界の平均 CO_2 濃度は 381.2 ppm になっている．CO_2 のみを考慮した場合，雨滴の pH はいくらと計算されるか．ただし，1 atm の CO_2 は水に溶けると $0.034 \, mol \, l^{-1}$ の水溶液になる．また，炭酸の酸解離定数 $K_{a1} = 4.5 \times 10^{-7}$ とし，K_{a2} は無視できるものとする．ppm (parts per million) は 100 万分の 1 を表す．

21

弱酸とその塩の適当量の混合溶液は緩衝作用を示す．その理由を説明せよ．

22

次の (a)〜(c) に答えよ．

(a) $1.0 \times 10^{-2} \, mol \, l^{-1}$ のフッ化水素 HF 水溶液の水素イオン濃度を測定したところ，$1.7 \times 10^{-3} \, mol \, l^{-1}$ であった．このときのフッ化水素の酸解離定数を求めよ．

(b) $1.0 \, l$ 中に 1.0×10^{-2} mol の HF と 1.0×10^{-4} mol の塩化水素 HCl を含む水溶液の水素イオン濃度を求めよ．

(c) $1.0 \, l$ 中に $1.0 \times 10^{-2} \, mol \, l^{-1}$ の HF と $2.0 \times 10^{-2} \, mol \, l^{-1}$ のフッ化カリウム KF を含む水溶液の水素イオン濃度を求めよ．

23

$0.20 \, mol \, l^{-1}$ のフッ化アンモニウム NH_4F 水溶液の pH を求めよ．また同じ濃度の塩化アンモニウム NH_4Cl 水溶液の pH はいくらになるか．ただし，アンモニア NH_3 の塩基解離定数は 1.8×10^{-5} である．フッ化水素 HF の酸解離定数は問題 **22** で求めた値を用いよ．

24

次の (a)〜(c) に答えよ．

(a) 0.200 mol の安息香酸 C_6H_5COOH と 0.200 mol の安息香酸ナトリウム C_6H_5COONa を水に溶かし，全体の体積を $1.00 \, l$ にした緩衝液の pH を計算せよ．

C_6H_5COOH の酸解離定数は 6.46×10^{-5} である．

(b) 上の緩衝液に，わずかの量の濃塩酸 HCl を加えて，濃度 $0.0500\,\text{mol}\,l^{-1}$ の HCl 水溶液を得た．溶液の pH を求めよ．ただし，加えた濃塩酸の液量では，全体の体積変化は無視できるものとする．

(c) (b) の濃塩酸の代わりに濃水酸化ナトリウム水溶液を加えて，濃度 $0.0500\,\text{mol}\,l^{-1}$ の水酸化ナトリウム NaOH 水溶液を得た．溶液の pH を計算せよ．この場合も，全体の体積変化は無視できるものとする．

25

C_a mol の 2 価の酸 H_2A に純水を加えて $1.0\,l$ にした水溶液の水素イオン濃度を求める式を導け．また，C_a mol の 2 価の塩基 B に純水を加えて $1.0\,l$ にした水溶液の水酸化物イオン濃度を求める式はどのように書けるか．

26

$C_a\,\text{mol}\,l^{-1}$ の炭酸水素ナトリウム $NaHCO_3$ 水溶液中の水素イオン濃度を求める式を導け．

27

次の (a)〜(c) に答えよ．

(a) フッ化カルシウム CaF_2 の溶解度積は 3.4×10^{-11} である．フッ化カルシウム飽和水溶液中の Ca^{2+} イオンの濃度を求めよ．

(b) 硝酸カルシウム $Ca(NO_3)_2$ の $0.10\,\text{mol}\,l^{-1}$ 水溶液中における，フッ化カルシウムの溶解度を計算せよ．溶解度は，$\text{mol}\,l^{-1}$ で表せ．

(c) フッ化ナトリウム NaF の $0.10\,\text{mol}\,l^{-1}$ 水溶液中における，フッ化カルシウムの溶解度を計算せよ．溶解度は，$\text{mol}\,l^{-1}$ で表せ．

28

溶液 $1.0\,l$ 中の $0.020\,\text{mol}$ のフッ化マグネシウム MgF_2 を完全に溶解させるには，水素イオンの濃度はいくらでなければならないか．ただし，MgF_2 の溶解度積は 6.3×10^{-9}，HF の酸解離定数は問題 22 で求めた値を用いよ．

29

Ag^+ イオンと Ca^{2+} イオンを，それぞれ $1.0 \times 10^{-1}\,\text{mol}\,l^{-1}$，$2.0 \times 10^{-1}\,\text{mol}\,l^{-1}$ を含む混合溶液に，IO_3^- イオンを含む沈殿試薬溶液を少しずつ加えたとき，溶液中の Ag^+ イオンと Ca^{2+} イオンの濃度はどのように変化するか．変化の様子を，縦軸に Ag^+ イオンと Ca^{2+} イオンの濃度を，横軸に IO_3^- イオンの濃度をとってグラフで示

せ．ただし，ヨウ素酸銀 $AgIO_3$，ヨウ素酸カルシウム $Ca(IO_3)_2$ の溶解度積は，それぞれ 3.1×10^{-8}, 7.1×10^{-7} とし，また，沈殿試薬溶液を加えても液量は変化しないものとする．

30

分析化学では，2種類以上の金属イオンを含む溶液に適当な沈殿試薬溶液を加えてあるイオンを選択的に沈殿させ，分離する方法がよく用いられる．いま，問題 **29** の条件で実験を行った場合，Ag^+ イオンと Ca^{2+} イオンを定量的に分離できるだろうか．

31

$0.100\,mol\,l^{-1}$ の酢酸 CH_3COOH 水溶液 $50.0\,ml$ を $0.100\,mol\,l^{-1}$ の水酸化ナトリウム $NaOH$ 水溶液で滴定するとき，下の表の空欄を埋めよ．ただし，酢酸の酸解離定数 K_a は 1.76×10^{-5} とする．

滴下した NaOH 水溶液の体積 (ml)	pH	滴下した NaOH 水溶液の体積 (ml)	pH
0	(a)	50.0	(d)
10.0	(b)	70.0	(e)
30.0	(c)	100	(f)

32

次の変化を，化学反応式で示せ．
(a) 過マンガン酸カリウムの希硫酸溶液に二酸化硫黄の水溶液を加えると，溶液は赤紫色から淡桃色に変化する．
(b) 硫化水素水に二酸化硫黄を通じると白濁する．
(c) ヨウ化カリウムの希硫酸溶液に過酸化水素水を加えると，溶液は褐色になる．

33

次の (a)〜(c) 条件下で，反応

$$Pb\,(s) + 2H^+\,(aq) \longrightarrow Pb^{2+}\,(aq) + H_2(g)$$

が進行するかどうか判定せよ．ただし，Pb^{2+}/Pb 対の $25\,℃$ での標準還元電極電位は $-0.126\,V$ である．
(a) $25\,℃$ で，すべての化学種が標準状態にあるとき
(b) $25\,℃$ で，$[H^+] = 10^{-2}\,mol\,l^{-1}$, $[Pb^{2+}] = 0.10\,mol\,l^{-1}$, $P_{H_2} = 0.10\,atm$
(c) $25\,℃$ で，$[H^+] = 10^{-4}\,mol\,l^{-1}$, $[Pb^{2+}] = 0.10\,mol\,l^{-1}$, $P_{H_2} = 0.10\,atm$

34

金属–難溶性塩電極である

$$\text{Ag, AgCl} \mid \text{Cl}^-$$

の標準電極電位を求めよ．また，Ag, AgCl | Cl$^-$ (0.200 mol l^{-1}) の 25 ℃ での電極電位を求めよ．ただし，Ag$^+$ | Ag の標準還元電極電位は $+0.799$ V，塩化銀 AgCl の 25 ℃ での溶解度積は 1.80×10^{-10} である．

35

1.00×10^{-2} mol l^{-1} の濃度の Cu^{2+} イオンを含む溶液がある．25 ℃ で白金電極を用いて 0.240 V で電気分解して平衡状態にした．溶液中に残存している Cu^{2+} の濃度はいくらか．ただし，Cu^{2+} + 2e$^-$ $\rightleftarrows$ Cu の標準還元電極電位は $+0.340$ V である．

36

次の図は，酸性溶液中での Mn(IV) から Mn(0) の電極電位図である．空欄の電位の値と電極反応を書け．

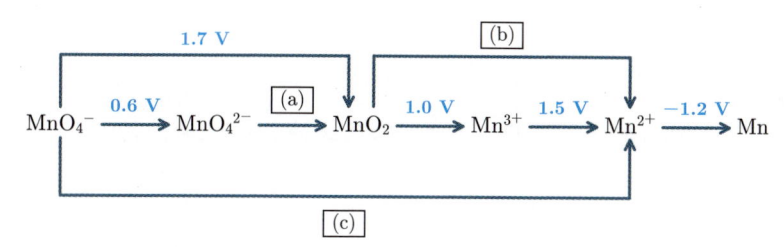

```
                    1.7 V                          (b)
         ┌─────────────────────┐       ┌──────────────────────┐
         │   0.6 V        (a)  │ 1.0 V │  1.5 V      -1.2 V   │
    MnO₄⁻ ──→ MnO₄²⁻ ──→ MnO₂ ──→ Mn³⁺ ──→ Mn²⁺ ──→ Mn
         └──────────────────────────────────────┘
                             (c)
```

37

25 ℃ で，1.00 mol l^{-1} の濃度の Fe^{3+} イオンを含む溶液に鉄粉末を加えたらどうなるか．また，Fe^{3+} イオンの濃度が 0.100 mol l^{-1} の溶液に十分量のニッケル Ni 粉末を加えて平衡に達したとき，溶液中の Fe^{3+} イオンの濃度はいくらになるか．ただし，Fe^{3+}/Fe^{2+}, Fe^{2+}/Fe, Ni^{2+}/Ni 各対の標準還元電極電位は，それぞれ $+0.771$ V, -0.440 V, -0.250 V である．

38

下の電極電位図を用いて，反応

$$Cu^{2+} + Cl^- + e^- \longrightarrow CuCl$$
$$CuCl + e^- \longrightarrow Cu + Cl^-$$

でつくられる2つの電極の標準還元電極電位はそれぞれ何 V か．これらの還元電位の値と下の電位図から，標準状態における銅(I)イオンの安定性について考察せよ．ただし，塩化銅(I) CuCl の溶解度積は 5.68×10^{-6} である．

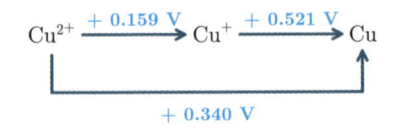

$$Cu^{2+} \xrightarrow{+\,0.159\text{ V}} Cu^+ \xrightarrow{+\,0.521\text{ V}} Cu$$
$$Cu^{2+} \xrightarrow{+\,0.340\text{ V}} Cu$$

39

25℃で，Ti^{2+} イオンを Sn^{4+} イオンで電位差滴定するとき，当量点での起電力は何 V か．25℃での Sn^{4+}/Sn^{2+} 対および Ti^{3+}/Ti^{2+} 対の標準還元電極電位は各々 $+0.150\,\text{V}$, $-0.370\,\text{V}$ である．

40

25℃で，Fe^{2+} イオンを MnO_4^- イオンで電位差滴定するとき，次の (a), (b) に答えよ．
(a) この滴定で起こる反応を書け．
(b) 当量点での起電力を与える式を導け．Fe^{3+}/Fe^{2+} 対および MnO_4^-/Mn^{2+} 対の標準還元電極電位をそれぞれ ε_{Fe}^0, ε_{Mn}^0 とせよ．

41

M^{2+} を含むメッキ浴を用いて 5.00 A, 10.0 分間銅板上に金属 M のメッキをした．メッキ後の銅板の重量増加を測定したところ 1.845 g であった．金属 M の原子量を求めよ．

42

錯体 (a), (b) 中における遷移金属イオンの d 電子の配置をエネルギー準位図で示し，各イオンについて全スピン量子数を記せ．また，結晶場安定化エネルギーも求めよ．
(a) $[Cu(H_2O)_6]^{2+}$ (b) $[Cd(NH_3)_6]^{2+}$

43

多電子系の磁気モーメントは全角運動量 J に比例し，その比例定数は g 因子とよばれ，以下の式で与えられる．

$$g = \frac{3}{2} + \frac{S(S+1) - L(L+1)}{2J(J+1)}$$

ここで，S は合成スピン角運動量，L は合成軌道角運動量である．

次の表 1, 2 の空欄を埋めよ．

表 1 3d 遷移金属イオン

金属イオン	不対電子数	L	S	J	g 因子
Ti^{3+}, V^{4+}					
Ti^{2+}, V^{3+}					
Cr^{3+}, Mn^{4+}					
Cr^{2+}, Mn^{3+}					
Mn^{2+}, Fe^{3+}					
Fe^{2+}, Co^{3+}					
Co^{2+}					
Ni^{2+}					
Cu^{2+}					
Cu^{+}					

表 2 希土類元素の 3 価イオン

金属イオン	不対電子数	L	S	J	g 因子
La^{3+}					
Ce^{3+}					
Pr^{3+}					
Nd^{3+}					
Pm^{3+}					
Sm^{3+}					
Eu^{3+}					
Gd^{3+}					
Tb^{3+}					
Dy^{3+}					
Ho^{3+}					
Er^{3+}					
Tm^{3+}					
Yb^{3+}					
Lu^{3+}					

44

錯体 $[Ni(H_2O)_6]^{2+}$ は八面体錯体で常磁性であるが，錯体 $[Ni(CN)_4]^{2-}$ は反磁性である．$[Ni(CN)_4]^{2-}$ の構造を予想せよ．

45

金属イオン M^{2+} が配位子 L^- と反応して，錯体 $[ML]^+$ と $[ML_2]$ が生成する．金属イオン M^{2+} の全濃度のうちに占める金属イオン M^{2+} の割合は，配位子 L^- 濃度が $1.0 \times 10^{-1}\,\mathrm{mol}\,l^{-1}$ のときは $58.8\,\%$，$5.0 \times 10^{-2}\,\mathrm{mol}\,l^{-1}$ のときは $90.9\,\%$ であった．錯体の逐次安定度定数 K_1, K_2 を求めよ．

46

Cd^{2+} イオンは SO_4^{2-} イオンと 1 次の錯体 $CdSO_4$ をつくり，その安定度定数は 10 である．$1.0 \times 10^{-1}\,\mathrm{mol}\,l^{-1}$ の硫酸カドミウム $CdSO_4$ と $2.0 \times 10^{-1}\,\mathrm{mol}\,l^{-1}$ の硫酸ナトリウム Na_2SO_4 を含む水溶液中の Cd^{2+} イオンの濃度を求めよ．

47

物質 AL の溶解度積は $K_{sp}(AL)$ である．水溶液中で A^{2+} イオンは，L^{2-} イオンと AL, AL_2^{2-} の錯体を形成し，それぞれの錯体の安定度定数は K_1, K_2 である．水溶液中に存在する A(II) の全量を L^{2-} イオンの濃度 $[L^{2-}]$ の関数で示せ．

48

$0.010\,\mathrm{mol}$ の塩化銀 AgCl を完全に溶解させるために，$1.0\,l$ 当たり加えなければならないアンモニア NH_3 の物質量は何 mol か．ただし，AgCl の溶解度積は 1.8×10^{-10}，1 次の錯体の形成および NH_4^+ の濃度は無視でき，2 次の錯体 $Ag(NH_3)_2^+$ の安定度定数は 1.7×10^7 とする．

49

フッ素 F_2 と水が $25\,°C$ で反応して酸素 O_2 が発生するかどうか，下の標準還元電極電位を用いて考察せよ．

$$\frac{1}{2}O_2 + 2H^+ + 2e^- \rightleftarrows H_2O \quad +1.23\,\mathrm{V}$$

$$F_2 + 2e^- \rightleftarrows 2F^- \quad +2.85\,\mathrm{V}$$

50

炭酸ナトリウム Na_2CO_3 と炭酸水素ナトリウム $NaHCO_3$ について，次の (1)〜(3) に答えよ．

(1) 炭酸ナトリウムと塩酸 HCl の反応を，化学反応式で書け．

(2) $0.10\,mol\,l^{-1}$ の Na_2CO_3 水溶液 $50.0\,ml$ に $0.10\,mol\,l^{-1}$ の塩酸 HCl を加えていったときの滴定曲線を描け．ただし，炭酸 H_2CO_3 の酸解離定数 K_{a1}, K_{a2} は，それぞれ 4.46×10^{-7}, 4.68×10^{-11} とする．

(3) 炭酸ナトリウムと炭酸水素ナトリウムについて，(a)〜(d) の事項を比較せよ．

 (a) 固体の色 (b) 25℃ における溶解度
 (c) 水溶液の液性 (d) 熱安定性

51

トリウム放射壊変系列を下図に示す．(　) の中に原子番号，質量数を付した元素記号を記入せよ．α, β はそれぞれ α 壊変，β 壊変を表す．

$$^{232}_{90}Th \xrightarrow{\alpha} (\text{イ}) \xrightarrow{\beta^-} (\text{ロ}) \xrightarrow{\beta^-} (\text{ハ}) \xrightarrow{\alpha} (\text{ニ})$$

$$\xrightarrow{\alpha} (\text{ホ}) \xrightarrow{\alpha} (\text{ヘ}) \begin{array}{c} \xrightarrow{\beta^-} (\text{ト}) \xrightarrow{\alpha} \\ \xrightarrow{\alpha} (\text{チ}) \xrightarrow{\beta^-} \end{array} (\text{リ})$$

$$\begin{array}{c} \xrightarrow{\beta^-} (\text{ヌ}) \xrightarrow{\alpha} \\ \xrightarrow{\alpha} (\text{ル}) \xrightarrow{\beta^-} \end{array} {}^{208}_{82}Pb$$

52

次の標準電極電位をもとに，酸性溶液中の UO_2^+, NpO_2^+, PuO_2^+ の安定度について調べよ．

$$UO_2^{2+} \xrightarrow{0.06\,V} UO_2^+ \xrightarrow{0.58\,V} U^{4+} \quad (\text{酸性溶液中})$$

$$NpO_2^{2+} \xrightarrow{1.14\,V} NpO_2^+ \xrightarrow{0.74\,V} Np^{4+} \quad (\text{酸性溶液中})$$

$$PuO_2^{2+} \xrightarrow{0.91\,V} PuO_2^+ \xrightarrow{1.17\,V} Pu^{4+} \quad (\text{酸性溶液中})$$

53

放射能 3.7×10^{12} ベクレル (Bq) の試料がある．10 時間後 $1/10$ の放射能に減少していた．この物質の半減期と壊変定数を求めよ．

54

ウランは，壊変していろいろな元素を経て最終的には放射性のない鉛になる．同様に，炭素の同位体のうち炭素 14 (^{14}C) は壊変して窒素 14 (^{14}N) になる．しかし，^{14}N は宇宙線起源の中性子によって ^{14}C となる．この ^{14}C の壊変と生成の速度が釣り合っていれば大気中の ^{14}C の濃度は平衡に達し，時代を通して変化がないと考えられる．生物が生きている限り生物の体内の ^{14}C の濃度（割合）は大気と同じであるが，生物が死んで地中に埋まり宇宙線を浴びなくなってしまうと，^{14}C の壊変だけが進行することになる．この原理が古い木片などの年代測定に用いられている．

いま，地中にあった木片中の ^{14}C の ^{12}C に対する割合（^{14}C/^{12}C）を測定したところ，現在の大気中の ^{14}C/^{12}C の割合の $1/3$ であった．この木片の年代はいくらと計算されるか．ただし，^{14}C の半減期は 5730 年とする．

問題解答

1章の問題解答

◆ 問題 1.1　$1\,\mathrm{u}$ は $1.66054 \times 10^{-27}\,\mathrm{kg}$, 光速度は $2.9979 \times 10^8\,\mathrm{m\,s^{-1}}$ であるから, それに相当するエネルギー E は

$$E = (1.66054 \times 10^{-27}\,\mathrm{kg}) \times (2.9979 \times 10^8\,\mathrm{m\,s^{-1}})^2 = 1.4924 \times 10^{-10}\,(\mathrm{J})$$

となる．いま, $1\,\mathrm{eV} = 1.602 \times 10^{-19}\,\mathrm{J}$ であるので, E は

$$E = \frac{1.4924 \times 10^{-10}}{1.602 \times 10^{-19}} = 9.316 \times 10^8\,(\mathrm{eV}) = 931.6\,(\mathrm{MeV})$$

となる．

◆ 問題 1.2　$^{85}\mathrm{Rb}$ と $^{87}\mathrm{Rb}$ の存在比がそれぞれ $72.15\,\%$ と $27.85\,\%$, 原子質量が $84.91\,\mathrm{u}$ と $86.91\,\mathrm{u}$ であるので, ルビジウムの原子量は

$$\frac{84.91 \times 72.15 + 86.91 \times 27.85}{100} = 85.467$$

と計算され, 85.47 である．

◆ 問題 1.3　原子番号 18 の Ar と原子番号 19 の K の安定同位体と存在比 (%) を以下の表に示す.

同位体	存在比 (%)	原子質量 (u)	同位体	存在比 (%)	原子質量 (u)
$^{36}\mathrm{Ar}$	0.337	35.968	$^{39}\mathrm{K}$	93.2581	38.964
$^{38}\mathrm{Ar}$	0.063	37.963	$^{40}\mathrm{K}$	0.0117	39.964
$^{40}\mathrm{Ar}$	99.600	39.962	$^{41}\mathrm{K}$	6.7302	40.962

Ar の原子量は

$$\frac{35.968 \times 0.337 + 37.963 \times 0.063 + 39.962 \times 99.600}{100} = 39.95$$

K の原子量は

$$\frac{38.964 \times 93.2581 + 39.964 \times 0.0117 + 40.962 \times 6.7302}{100} = 39.10$$

となる．原子量は同位体を含めた質量の平均値を採用しているため, K の原子量の方が小さくなる．

◆ 問題 1.4 酸素原子核中の陽子と中性子の数はいずれも 8 個である．質量欠損 ΔM は

$$\Delta M = \{Z \times M_\mathrm{p} + (A-Z)M_\mathrm{n}\} - M_\mathrm{x}$$

で与えられるので

$$\Delta M = 8 \times 1.6726 \times 10^{-27} + 8 \times 1.6749 \times 10^{-27} - 26.5602 \times 10^{-27}$$
$$= 2.198 \times 10^{-28} \text{ (kg)}$$

核の結合エネルギー BE は相対性理論より，$BE = \Delta M \times c^2$（c は真空中の光速度）で与えられるので

$$BE = 2.198 \times 10^{-28} \times (2.9979 \times 10^8)^2 = 1.975 \times 10^{-11} \text{ (kg m}^2\text{ s}^{-2}\text{)}$$
$$= 1.975 \times 10^{-11} \text{ (J)}$$

核の平均結合エネルギーは BE を質量数で除したものであり，$1\,\mathrm{eV} = 1.602 \times 10^{-19}\,\mathrm{J}$ であるので，核の平均結合エネルギーは

$$\frac{1.975 \times 10^{-11} \text{ (J)}/16}{1.602 \times 10^{-19} \text{ (eV)}} = 7.705 \times 10^6 \text{ (eV)} = 7.705 \text{ (MeV)}$$

◆ 問題 1.5

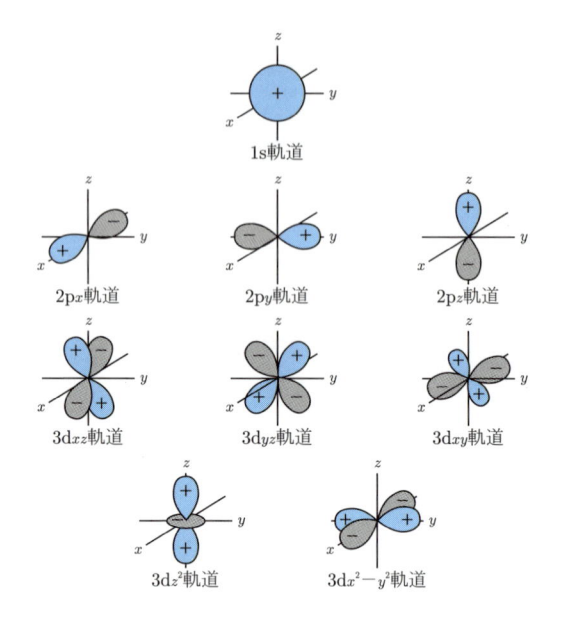

◆ 問題 1.6 動径分布関数を $f(r)$ とおくと

$$f(r) = 4\pi r^2 \{\psi_{1\mathrm{s}}\}^2 = 4\pi r^2 \left(\frac{1}{\pi}\right)^2 \left(\frac{1}{a_0}\right)^3 e^{-2r/a_0} = \frac{4}{\pi}\left(\frac{1}{a_0}\right)^3 r^2 e^{-2r/a_0}$$
$$= Kr^2 e^{-2r/a_0}$$

ただし

$$K = \frac{4}{\pi}\left(\frac{1}{a_0}\right)^3$$

$f(r)$ を r で微分して，$f(r)$ が極大を示す r を求める．

$$f'(r) = K\left(2re^{-2r/a_0} - \frac{2r^2 e^{-2r/a_0}}{a_0}\right) = 2Kre^{-2r/a_0}\left(1 - \frac{r}{a_0}\right)$$

よって，$r = a_0$ で $f(r)$ は極大を示す．

◆ **問題 1.7** 全エネルギー E，ポテンシャルエネルギー V，運動エネルギー T は，それぞれ

$$E = \frac{-e^2}{8\pi\varepsilon_0 a_0}, \quad V = \frac{-e^2}{4\pi\varepsilon_0 a_0}, \quad T = E - V = \frac{e^2}{8\pi\varepsilon_0 a_0}$$

ここで，ε_0 は真空の誘電率である．したがって，運動エネルギー T は

$$T = \frac{e^2}{8\pi\varepsilon_0 a_0} = \frac{(1.602 \times 10^{-19})^2}{8 \times 3.14 \times (8.854 \times 10^{-12}) \times (5.29 \times 10^{-11})} = 2.181 \times 10^{-18}$$

になる．いま，電子の質量 m，速度 v とすると，$T = (1/2)mv^2$ なので

$$v^2 = \frac{2T}{m} = \frac{2 \times 2.181 \times 10^{-18}}{9.11 \times 10^{-31}} = 4.788 \times 10^{12}\ (\text{m}^2)$$

速度 v は 2.19×10^6 (m) となる．

◆ **問題 1.8** 一次元井戸型ポテンシャル中の粒子についてシュレーディンガー方程式を適用して，その量子状態を解いてみる．$0 \leq x \leq a$ の領域で $U(x) = 0$ であるから，シュレーディンガー方程式は次式で与えられる．

$$\frac{\partial^2 \psi(x)}{\partial x^2} + \frac{8\pi^2 mE}{h^2} = 0$$

この解 $\psi(x)$ は

$$\psi(x) = A\cos kx + B\sin kx, \quad k = \frac{2\pi(2mE)^{1/2}}{h}$$

で表される．いま，$x = 0$ および $x = a$ ではポテンシャルエネルギーが無限大であるので $\psi(0) = \psi(a) = 0$ である．$\psi(0) = 0$ より $A = 0$，$\psi(a) = B\sin kx = 0$ より $ka = n\pi$ （ただし n は正の整数）となる．$ka = n\pi$ より

$$E = \frac{h^2 n^2}{8ma^2}$$

となる．この式を用いて，$m = 9.11 \times 10^{-31}$ kg, $h = 6.626 \times 10^{-34}$ J s, $a = 5.0 \times 10^{-9}$ m を代入すると，$n = 1$ のレベルのエネルギー E_1 は

$$E_1 = \frac{(6.626 \times 10^{-34})^2}{8 \times (9.11 \times 10^{-31}) \times (5.0 \times 10^{-9})^2} = 2.41 \times 10^{-21}\ (\text{J})$$

いま，$1\,\text{eV} = 1.602 \times 10^{-19}$ J なので，$E_1 = 1.5 \times 10^{-2}$ (eV)

$n = 2, n = 3$ のエネルギー E_2, E_3 は，それぞれ

$$E_2 = \frac{4 \times (6.626 \times 10^{-34})^2}{8 \times (9.11 \times 10^{-31}) \times (5.0 \times 10^{-9})^2} = 9.64 \times 10^{-21} \text{ (J)} = 6.0 \times 10^{-2} \text{ (eV)}$$

$$E_3 = \frac{9 \times (6.626 \times 10^{-34})^2}{8 \times (9.11 \times 10^{-31}) \times (5.0 \times 10^{-9})^2} = 2.17 \times 10^{-20} \text{ (J)} = 1.4 \times 10^{-1} \text{ (eV)}$$

◆ 問題 1.9 光の波長を λ,速度を c とすると

$$E_3 - E_1 = \frac{hc}{\lambda} \quad \text{より} \quad \lambda = \frac{hc}{E_3 - E_1}$$

したがって

$$\lambda = \frac{(6.626 \times 10^{-34}) \times (2.9979 \times 10^8)}{2.17 \times 10^{-20} - 2.41 \times 10^{-21}} = 1.03 \times 10^{-5} \text{ (m)}$$

◆ 問題 1.10 $n = 1$ の軌道のエネルギー E_1 は

$$E_n = -\frac{2\pi^2 m Z^2 e^4}{(4\pi\varepsilon_0)^2 h^2 n^2}$$

に,$Z = 1$,$m = 9.11 \times 10^{-31}$ kg,$h = 6.626 \times 10^{-34}$ J s,$e = 1.602 \times 10^{-19}$ C,$\varepsilon_0 = 8.854 \times 10^{-12}$ F m^{-1} (J^{-1} C^2 m^{-1}) を代入すると,$E_1 = -2.18 \times 10^{-18}$ (J) と計算される.また,1 eV $= 1.602 \times 10^{-19}$ J であるので,水素原子がイオン化するのに必要なエネルギー ($E_\infty - E_1$) は

$$E_\infty - E_1 = \frac{2.18 \times 10^{-18}}{1.602 \times 10^{-19}} = 13.6 \text{ (eV)}$$

となる.

◆ 問題 1.11

原子番号	電子配置	周期表の族
8	$1s^2\,2s^2\,2p^4$	16
19	$1s^2\,2s^2\,2p^6\,3s^2\,3p^6\,4s^1$	1
24	$1s^2\,2s^2\,2p^6\,3s^2\,3p^6\,3d^5\,4s^1$	6
32	$1s^2\,2s^2\,2p^6\,3s^2\,3p^6\,3d^{10}\,4s^2\,4p^2$	14
56	$1s^2\,2s^2\,2p^6\,3s^2\,3p^6\,3d^{10}\,4s^2\,4p^6\,4d^{10}\,5s^2\,5p^6\,6s^2$	2

◆ 問題 1.12 第 2 周期の元素の電子配置は,いずれも内殻は $1s^2$ あり,$1s^2$ は核の電荷をよく遮蔽する.したがって,原子番号 M の原子では,外殻電子におよぶ核の電荷は,近似的には ($Me - 2e$) であると考えられる.その電荷は,Li では $1e$,Be では $2e$,$\cdots$,F では $7e$,Ne では $8e$ と原子番号の順に大きくなる.最外殻の電子 1 個を奪い去るのに要するエネルギーが第 1 イオン化ポテンシャルであるから,電子を 1 個とるのに必要なエネルギーは原子番号の順に大きくなる.したがって,第 1 イオン化ポテンシャルは 1 族元素が最も低く,18 族元素が最も高い値を示す.

◆ 問題 1.13 He$^+$ のイオン化エネルギーは

$$E_n = -\frac{2\pi^2 m Z^2 e^4}{(4\pi\varepsilon_0)^2 h^2 n^2}$$

に，$Z = 2$, $n = 1$, $m = 9.11 \times 10^{-31}$ kg, $h = 6.626 \times 10^{-34}$ J s, $e = 1.602 \times 10^{-19}$ C, $\varepsilon_0 = 8.854 \times 10^{-12}$ F m^{-1} (J^{-1} C^2 m^{-1}) を代入して E_1 を計算すると

$$E_1 = -\frac{me^4}{2(\varepsilon_0^2 h^2)} = -8.72 \times 10^{-18} \text{ (J)}$$

となる．$1\,\text{eV} = 1.602 \times 10^{-19}$ J であるので，イオン化エネルギー ($E_\infty - E_1$) は

$$E_\infty - E_1 = \frac{8.72 \times 10^{-18}}{1.602 \times 10^{-19}} = 54.4 \text{ (eV)}$$

となる．Li^{2+} のイオン化エネルギーは，He^+ のイオン化エネルギーの場合の $Z = 2$ の代わりに $Z = 3$ を用いることで得られる．その結果，Li^{2+} のイオン化エネルギーは

$$1.96 \times 10^{-17} \text{ (J)} = 122 \text{ (eV)}$$

と計算される．

2 章の問題解答

◆ 問題 2.1　エタノールとジメチルエーテルの示性式は，それぞれ

$$\text{CH}_3\text{-CH}_2\text{-OH}, \quad \text{CH}_3\text{-O-CH}_3$$

である．エタノールはヒドロキシル基 –OH をもっていて，分子間で水素結合をする．このため，ジメチルエーテルと分子式が同じでも沸点が高い．

また，エタノールと 1-ブタノール（$\text{CH}_3\text{-CH}_2\text{-CH}_2\text{-CH}_2\text{-OH}$）の水に対する溶解度に差がみられたのは，炭化水素基（CH_3CH_2–, $\text{CH}_3\text{CH}_2\text{CH}_2\text{CH}_2$–）は水に溶解しないように働くので，炭素数の大きいアルコールでは炭化水素基の作用が強くなり水に溶けにくくなるためである．

◆ 問題 2.2　双極子モーメントはベクトル量である．CO_2 の双極子モーメントが 0 であるということは，C 原子から O 原子に向かう 2 つのベクトルがキャンセルし合っているためである．したがって，CO_2 分子は直線型の構造であることがわかる．

◆ 問題 2.3　S–H 結合の双極子モーメントをそれぞれ **SA**, **SB** で表すと，H_2S 分子の双極子モーメントは **SM** である．右図より

$$|\mathbf{BM}|^2 = |\mathbf{SB}|^2 + |\mathbf{SM}|^2 - 2|\mathbf{SB}||\mathbf{SM}| \cos \angle \text{BSM}$$

となる．いま

$$|\mathbf{SB}| = |\mathbf{SA}| = |\mathbf{BM}|$$
$$|\mathbf{SM}| = 0.95 \times 3.33564 \times 10^{-30}$$
$$= 3.2 \times 10^{-30} \text{ (C m)}$$

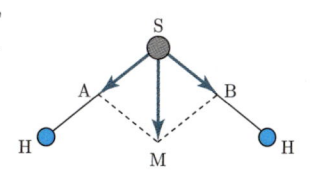

また，$\angle \mathrm{BSM} = 92°/2 = 46°$ より

$$|\mathbf{SB}| = 3.2 \times 10^{-30}/2\cos 46° = 2.3 \times 10^{-30}\,(\mathrm{C\,m})$$

よって，S–H 分子の双極子モーメントの大きさは 2.3×10^{-30} C m である．

◆ 問題 2.4 ファヤンス (Fajans) は陽イオンが小さいほど，また陽イオンの電荷が大きいほど共有結合性が増大すると述べている．これに従うと，陰イオンが同じなので

(a) $\mathrm{CaCl_2 < MgCl_2 < BeCl_2}$ （陽イオンの大きい順）

(b) $\mathrm{NaCl < MgCl_2 < AlCl_3}$ （陽イオンの電荷の小さい順）

の順に共有結合性の含まれる割合が増大する．

◆ 問題 2.5 $\mathrm{He_2}$ の分子軌道は次に示す．

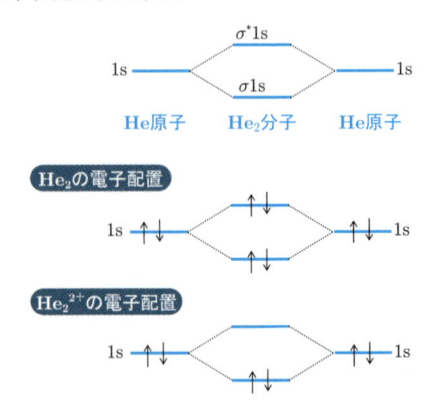

$\mathrm{He_2}$ 分子の 4 つの電子は，結合性軌道 σ と反結合性軌道 σ^* にそれぞれ 2 個ずつ入る．結合性軌道を占める 2 個の電子によってもたらされる結合性は，反結合性軌道を占める 2 個の電子によってもたらされる反結合性によって打ち消される（結合次数は 0）．一方，$\mathrm{He_2}^{2+}$ の 2 つの電子は結合性軌道を占める（結合次数 1）ので安定に存在すると予想される．ここで，結合次数とは

$$\frac{(\text{結合性軌道にある電子数}) - (\text{反結合性軌道にある電子数})}{2}$$

である．

◆ 問題 2.6

(a) $\mathrm{F_2, F_2^+}$ の電子配置は次のようである．

$\mathrm{F_2}$ の電子配置：

$$(\sigma 1\mathrm{s})^2\,(\sigma^* 1\mathrm{s})^2\,(\sigma 2\mathrm{s})^2\,(\sigma^* 2\mathrm{s})^2\,(\sigma 2\mathrm{p}_x)^2\,(\pi 2\mathrm{p}_y)^2\,(\pi 2\mathrm{p}_z)^2\,(\pi^* 2\mathrm{p}_y)^2\,(\pi^* 2\mathrm{p}_z)^2$$

$\mathrm{F_2^+}$ の電子配置：

$$(\sigma 1\mathrm{s})^2\,(\sigma^* 1\mathrm{s})^2\,(\sigma 2\mathrm{s})^2\,(\sigma^* 2\mathrm{s})^2\,(\sigma 2\mathrm{p}_x)^2\,(\pi 2\mathrm{p}_y)^2\,(\pi 2\mathrm{p}_z)^2\,(\pi^* 2\mathrm{p}_y)^2\,(\pi^* 2\mathrm{p}_z)^1$$

$\mathrm{F_2^+}$ の電子配置の方が反結合軌道にある電子の数が 1 つ少ないので，$\mathrm{F_2^+}$ の方が結合エネルギーは大きい．結合次数は，$\mathrm{F_2}$ が 1，$\mathrm{F_2^+}$ は 1.5 である．

(b) B_2, B_2^+ の電子配置は次のようである.

B_2 の電子配置：$(\sigma 1s)^2 (\sigma^* 1s)^2 (\sigma 2s)^2 (\sigma^* 2s)^2 (\pi 2p_y)^1 (\pi 2p_z)^1$
B_2^+ の電子配置：$(\sigma 1s)^2 (\sigma^* 1s)^2 (\sigma 2s)^2 (\sigma^* 2s)^2 (\pi 2p_y)^1$

B_2 の電子配置の方が結合軌道にある電子の数が 1 つ多いので，B_2 の方が結合エネルギーは大きい．結合次数は，B_2 が 1，B_2^+ は 0.5 である．

◆ 問題 2.7 　N_2, N_2^+, O_2^+, O_2, O_2^- の電子配置を示す．

N_2 の電子配置：$(\sigma 1s)^2 (\sigma^* 1s)^2 (\sigma 2s)^2 (\sigma^* 2s)^2 (\pi 2p_y)^2 (\pi 2p_z)^2 (\sigma 2p_x)^2$
N_2^+ の電子配置：$(\sigma 1s)^2 (\sigma^* 1s)^2 (\sigma 2s)^2 (\sigma^* 2s)^2 (\pi 2p_y)^2 (\pi 2p_z)^2 (\sigma 2p_x)^1$
O_2^+ の電子配置：$(\sigma 1s)^2 (\sigma^* 1s)^2 (\sigma 2s)^2 (\sigma^* 2s)^2 (\sigma 2p_x)^2 (\pi 2p_y)^2 (\pi 2p_z)^2 (\pi^* 2p_y)^1$
O_2 の電子配置：
$$(\sigma 1s)^2 (\sigma^* 1s)^2 (\sigma 2s)^2 (\sigma^* 2s)^2 (\sigma 2p_x)^2 (\pi 2p_y)^2 (\pi 2p_z)^2 (\pi^* 2p_y)^1 (\pi^* 2p_z)^1$$
O_2^- の電子配置：
$$(\sigma 1s)^2 (\sigma^* 1s)^2 (\sigma 2s)^2 (\sigma^* 2s)^2 (\sigma 2p_x)^2 (\pi 2p_y)^2 (\pi 2p_z)^2 (\pi^* 2p_y)^2 (\pi^* 2p_z)^1$$

結合次数は，N_2, N_2^+, O_2^+, O_2, O_2^- それぞれ，3，2.5，2.5，2，1.5 である．したがって，N_2 と N_2^+ とでは結合距離は N_2^+ の方が長いと考えられる．また，O_2^+, O_2, O_2^- の結合距離は

$$O_2^+ < O_2 < O_2^-$$

の順に長くなると考えられる．

◆ 問題 2.8 　基底状態の N 原子の電子配置は $(1s)^2 (2s)^2 (2p_x)^1 (2p_y)^1 (2p_z)^1$ で，3 個の不対電子は直交する $2p_x, 2p_y, 2p_z$ に入っている．NH_3 分子ができるためには，H 原子の 1s と N 原子の $2p_x, 2p_y, 2p_z$ との重なりが必要である．このとき，結合角は 90° と予想される．しかし，実際は正確に 90° にならないで，106.75° になる．これの 1 つの原因として，水素原子どうしのファンデルワールス反発などが考えられる．いま，結合角は，PH_3 では結合角は 93.4°，AsH_3 では 92.1° と NH_3, PH_3, AsH_3 の順に 90° に近づく．これは，結合距離が N–H で 0.101 nm，P–H で 0.141 nm，As–H で 0.151 nm と，NH_3, PH_3, AsH_3 の順に大きくなるため H どうしの反発が小さくなるためである．

◆ 問題 2.9 　2 個の水素原子間に働く相互作用の様子を下図に示す．

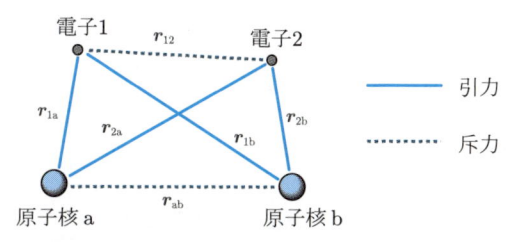

一般に，電荷 $+Z_c$ の陽イオンと電荷 $-Z_a$ の陰イオンが距離 r 離れて存在しているとき，その間の引力によるポテンシャルエネルギー U は

で与えられる．ただし，e は電気素量，ε_0 は真空の誘電率である．したがって，求めるエネルギー U は

$$U = -\frac{e^2}{4\pi\varepsilon_0}\left(\frac{1}{r_{1a}} + \frac{1}{r_{1b}} + \frac{1}{r_{2a}} + \frac{1}{r_{2b}} - \frac{1}{r_{ab}} - \frac{1}{r_{12}}\right)$$

$$U = -\frac{Z_c Z_a e^2}{4\pi\varepsilon_0 r}$$

で表される．

◆ 問題 2.10 $_5$B は電子が 5 個あるので，それぞれの電子配置は以下のようになる．

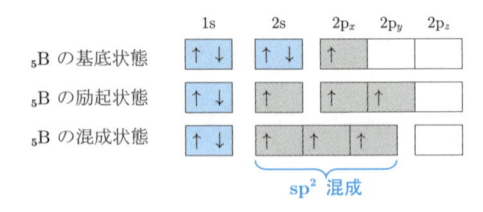

$_6$C は電子が 6 個あるので，それぞれの電子配置は以下のようになる．

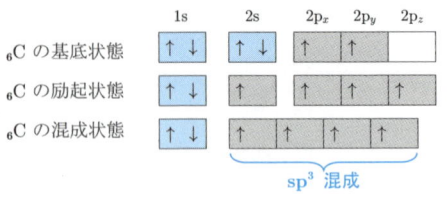

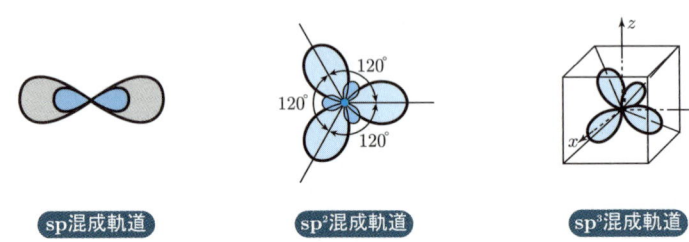

sp 混成軌道　　　sp^2 混成軌道　　　sp^3 混成軌道

◆ 問題 2.11 (a) NH$_4^+$：アンモニア分子では，N と H の結合は sp^3 混成である．いま，NH$_3$ では，右図に示すように 1 対の電子（孤立電子対）が結合に関与していない．NH$_4^+$ では NH$_3$ の孤立電子対が水素イオンの空の 1s 軌道に入る．したがって，NH$_4^+$ は四面体構造である．

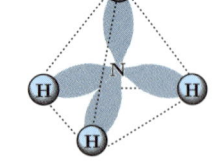

(b) BF$_4^-$：BF$_3$ 分子では，B と F の結合は，問題 2.10 に示すように sp^2 混成であり，空の p 軌道が 1 つある．F$^-$ イオンの孤立電子対がこの空の p 軌道に入る．したがって，BF$_3^-$ は 3 角錐型構造である．

◆ **問題 2.12** ホルムアルデヒドの炭素原子は sp^2 混成軌道で，その 2 つを使って 2 個の水素原子と，あと 1 つを使って酸素原子と σ 結合をする．炭素原子の混成に関与していない p_x 軌道と酸素原子の p_x 軌道 1 個とで π 結合をする．酸素原子の p_y にある電子は，そのままで孤立電子対となる（右図参照）．

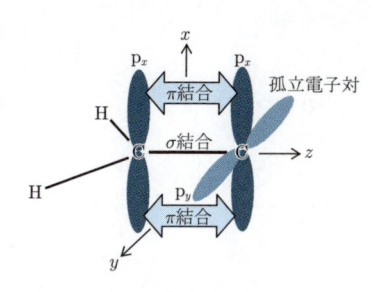

3 章の問題解答

◆ **問題 3.1** (3 2 1) 面は，単位胞の a 軸を $a/3$ の間隔で切り，b 軸を $b/2$ の間隔で，c 軸を $c/1$ の間隔で切る面となる．別の表現では，a 軸方向では 1 つの格子点から次の格子点までに 3 枚の面が，b 軸方向では 1 つの格子点から次の格子点までに 2 枚の面があり，c 軸方向で各格子点に 1 枚ずつの面があるということになる．

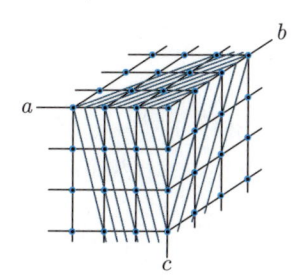

◆ **問題 3.2** 右図で，ミラー指数 $(h\ k\ l)$ の任意の面 ABC を考える．格子定数を a, b, c とすると，OA の長さは a/h，OB の長さは b/k，OC の長さは c/l である．原点から面 ABC に垂線 OP を下ろす．OP の長さが面間隔 d に相当するので，d を a, b, c, h, k, l で表す．いま

$$d = \frac{a}{h}\cos\angle POA = \frac{b}{k}\cos\angle POB = \frac{c}{l}\cos\angle POC$$

したがって

$$\cos\angle POA = \frac{hd}{a}, \quad \cos\angle POB = \frac{kd}{b}, \quad \cos\angle POC = \frac{ld}{c}$$

方向余弦の法則から

$$\cos^2\angle POA + \cos^2\angle POB + \cos^2\angle POC = 1$$

であるから

$$\left(\frac{hd}{a}\right)^2 + \left(\frac{kd}{b}\right)^2 + \left(\frac{ld}{c}\right)^2 = 1$$

この式から
$$d^2 = \frac{1}{(h/a)^2 + (k/b)^2 + (l/c)^2}$$

立方晶 ($a = b = c$) に対しては，上式より
$$\frac{1}{d^2} = \frac{h^2 + k^2 + l^2}{a^2}$$

となる．

◆ 問題 3.3 $AB = BC = CD = DA = DB = CA = 2r_-$,
$AI = BI = DI = CI = r_+ + r_-$．BE は CD の垂線より 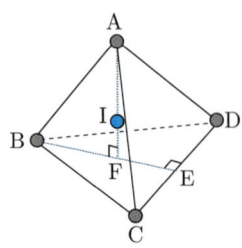 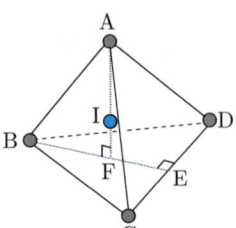
$$BE^2 + CE^2 = BC^2$$
また，$CE = (1/2)CD = (1/2)BC$ より
$$BE = (\sqrt{3}/2)BC = \sqrt{3}\,r_-$$
AF は BE の垂線より
$$AF^2 + EF^2 = AE^2 = BE^2 = 3(r_-)^2, \quad AF^2 + BF^2 = AB^2 = 4(r_-)^2$$
この 2 つの式より
$$BF^2 - EF^2 = (r_-)^2$$
いま，$BF + EF = BE = \sqrt{3}\,r_-$ より，$BF = (2/\sqrt{3})r_-$．したがって
$$AF^2 = 4(r_-)^2 - \left(\frac{2}{\sqrt{3}}r_-\right)^2 = \frac{8}{3}(r_-)^2$$
また，$FI = AF - AI = (\sqrt{8}/\sqrt{3})r_- - (r_+ + r_-)$, $FI^2 + BF^2 = BI^2$ より
$$\left\{\frac{\sqrt{8}}{\sqrt{3}}r_- - (r_+ + r_-)\right\}^2 + \left(\frac{2}{\sqrt{3}}r_-\right)^2 = (r_+ + r_-)^2$$
これより，$\dfrac{r_+}{r_-} = \dfrac{\sqrt{3}}{\sqrt{2}} - 1 = \dfrac{\sqrt{6}}{2} - 1 = 0.225$

◆ 問題 3.4 下図に立方最密充填構造の四面体間隙と八面体間隙をそれぞれ示す．

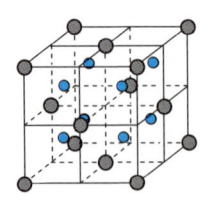

原子の数
$= \dfrac{1}{8} \times 8 + \dfrac{1}{2} \times 6 = 4 (個)$

四面体間隙   八面体間隙

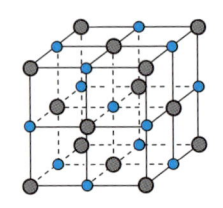

したがって
四体間隙：八体間隙：原子の数 = 8：4：4 = 2：1：1

◆ 問題 3.5　（イ）　面心立方　　（ロ）　1/2　　（ハ）　単純　　（ニ）　単純
（ホ）　対角線　　（ヘ）　1/2

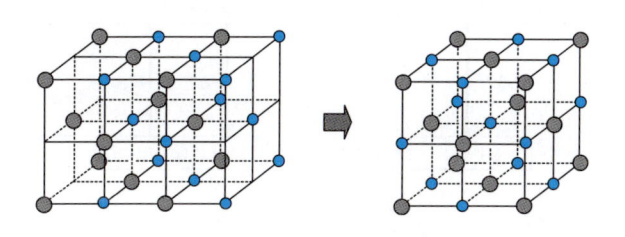

塩化ナトリウム型構造

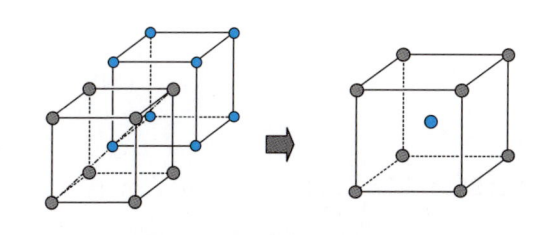

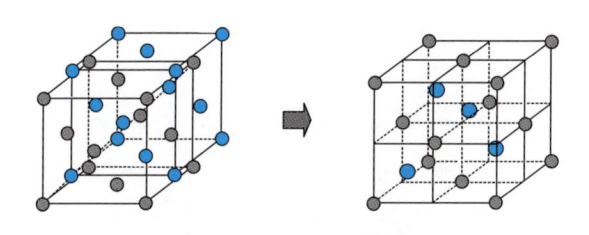

塩化セシウム型構造

セン亜鉛鉱型構造

◆ 問題 3.6

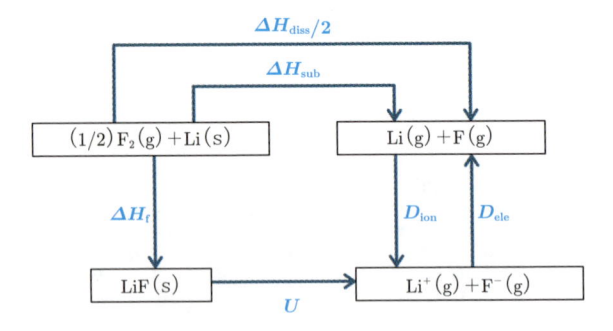

$$
\begin{array}{c}
(1/2)\mathrm{F_2(g)} + \mathrm{Li(s)} \xrightarrow{\Delta H_{\mathrm{diss}}/2,\ \Delta H_{\mathrm{sub}}} \mathrm{Li(g)} + \mathrm{F(g)} \\
\downarrow \Delta H_{\mathrm{f}} \qquad\qquad \downarrow D_{\mathrm{ion}}\ \uparrow D_{\mathrm{ele}} \\
\mathrm{LiF(s)} \xrightarrow{U} \mathrm{Li^+(g)} + \mathrm{F^-(g)}
\end{array}
$$

このサイクルにおいて

$$\Delta H_{\mathrm{sub}} + \Delta H_{\mathrm{diss}}/2 + D_{\mathrm{ion}} - U = \Delta H_{\mathrm{f}} + D_{\mathrm{ele}}$$

したがって

$$D_{\mathrm{ion}} = -\Delta H_{\mathrm{sub}} - \Delta H_{\mathrm{diss}}/2 + D_{\mathrm{ele}} + \Delta H_{\mathrm{f}} + U$$

いま，格子エネルギー U は

$$U = -\left\{ \frac{(1.24 \times 10^2) V z_{\mathrm{A}} z_{\mathrm{B}}}{r_{\mathrm{A}} + r_{\mathrm{B}}} \right\} \times \{1 - 0.0345(r_{\mathrm{A}} + r_{\mathrm{B}})\}$$

にそれぞれの値を代入して

$$U = -\left\{ \frac{(1.24 \times 10^2) \times 2 \times 1 \times (-1)}{0.060 + 0.133} \right\} \times \{1 - 0.0345 \times (0.090 + 0.133)\}$$
$$= 1.06 \times 10^3\,(\mathrm{kJ\,mol^{-1}})$$

と見積もれる．よって

$$D_{\mathrm{ion}} = -160 - 135 + 328 - 606 + 1060 = 487\,(\mathrm{kJ\,mol^{-1}})$$

◆ 問題 3.7　まず，1 価の陽イオンと陰イオンが交互に一次元に並んだ結晶のマーデルング定数 A を計算する．

一次元に並んだ結晶（●：陰イオン，•：陽イオン）

の格子エネルギー U は

$$U = -\frac{N}{4\pi\varepsilon_0} \times 2 \times \left\{ \frac{-e \times e}{d} + \frac{-e \times (-e)}{2d} + \frac{-e \times e}{3d} + \frac{-e \times (-e)}{4d} + \cdots \right\} + Be^{-d/\rho}$$
$$= -\frac{N}{4\pi\varepsilon_0}\left(-\frac{e^2}{d}\right) \times 2 \times \left(1 - \frac{1}{2} + \frac{1}{3} - \frac{1}{4} + \cdots\right) + Be^{-d/\rho}$$

因子 2 は等距離のところに左右 1 個ずつ 2 つのイオンがあることを考慮している.

マーデルング定数 A は

$$A = 2 \times \left(1 - \frac{1}{2} + \frac{1}{3} - \frac{1}{4} + \cdots\right)$$

で与えられる. ここで, { } の中の和の値は対数関数のマクローリン展開

$$\log_e(1+x) = x - (1/2)x^2 + (1/3)x^3 - (1/4)x^4 + \cdots$$

において $x = 1$ とおくと $\log_e 2$ に収束する. したがって, $A = 2\log_e 2$ と計算される. これより, 1 価の陽イオンと陰イオンが交互に一次元に並んだ結晶の格子エネルギーを与える式は

$$U = \frac{Ne^2}{2\pi\varepsilon_0 d}\log_e 2 + Be^{-d/\rho}$$

となる.

4 章の問題解答

◆ 問題 4.1

(a) $NH_4^+ + H_2O \rightleftarrows H_3O^+ + NH_3$
　　　酸　　　塩基　　　酸　　　塩基
(共役)

(b) $HCN + H_2O \rightleftarrows H_3O^+ + CN^-$
　　酸　　塩基　　　酸　　　塩基
(共役)

(c) $C_6H_5COOH + H_2O \rightleftarrows H_3O^+ + C_6H_5COO^-$
　　　酸　　　　塩基　　　酸　　　　塩基
(共役)

◆ 問題 4.2　酸 HA の初濃度を $C_a\,\mathrm{mol}\,l^{-1}$ で, そのうち $x\,\mathrm{mol}\,l^{-1}$ が電離しているとすると

$$\mathrm{HA} + \mathrm{H_2O} \rightleftarrows \mathrm{H_3O^+} + \mathrm{A^-}$$
$$C_a - x \qquad\qquad\quad x \qquad\quad x$$

酸解離定数 $K_a = x^2/(C_a - x)$, 電離度 $\alpha = x/C_a$ より x を消去すると, 酸解離定数は

で表される.

$$K_a = C_a \frac{\alpha^2}{1-\alpha}$$

塩基 B の場合も同様に考えられる．B の初濃度を $C_b\,\mathrm{mol}\,l^{-1}$ で，そのうち $x\,\mathrm{mol}\,l^{-1}$ が電離しているとすると

$$\underset{C_b - x}{B} + H_2O \rightleftarrows \underset{x}{BH^+} + \underset{x}{OH^-}$$

塩基解離定数 $K_b = x^2/(C_b-x)$，電離度 $\alpha = x/C_b$ より x を消去すると，塩基解離定数は

$$K_b = C_b \frac{\alpha^2}{1-\alpha}$$

で表される.

◆ 問題 4.3　(a), (b), (c) の加水分解反応式はそれぞれ以下のように書く.

(a)　$CH_3COO^- + H_2O \rightleftarrows CH_3COOH + OH^-$

(b)　$NH_4^+ + H_2O \rightleftarrows NH_3 + H_3O^+$

(c)　酢酸アンモニウムは電離によって CH_3COO^- と NH_4^+ を生じるが，いずれも一部が加水分解される.

$$CH_3COO^- + H_2O \rightleftarrows CH_3COOH + OH^-$$
$$NH_4^+ + H_2O \rightleftarrows NH_3 + H_3O^+$$

これらの反応は，結局

$$NH_4^+ + CH_3COO^- \rightleftarrows NH_3 + CH_3COOH$$

したがって，K_h はそれぞれ，以下のように表される.

(a)　$K_h = \dfrac{[CH_3COOH][OH^-]}{[CH_3COO^-]}$

(b)　$K_h = \dfrac{[NH_3][H_3O^+]}{[NH_4^+]}$

(c)　$K_h = \dfrac{[CH_3COOH][NH_3]}{[CH_3COO^-][NH_4^+]}$

◆ 問題 4.4　(a) の加水分解定数：水のイオン積 $K_w = [H_3O^+][OH^-]$ および酢酸の解離定数 $K_a = [CH_3COO^-][H_3O^+]/[CH_3COOH]$ を用いると

$$K_h = \frac{K_w}{K_a}$$

(b) の加水分解定数：水のイオン積 $K_w = [H_3O^+][OH^-]$ およびアンモニアの解離定数 $K_b = [NH_4^+][OH^-]/[NH_3]$ を用いると

$$K_h = \frac{K_w}{K_b}$$

(c) の加水分解定数:水のイオン積 $K_w = [H_3O^+][OH^-]$ および酢酸の解離定数 $K_a = [CH_3COO^-][H_3O^+]/[CH_3COOH]$, アンモニアの解離定数 $K_b = [NH_4^+][OH^-]/[NH_3]$ を用いると

$$K_h = \frac{K_w}{K_a K_b}$$

◆ 問題 4.5 $K_b = [BH^+][OH^-]/[B]$, また, $K_w = [H_3O^+][OH^-]$ より $[OH^-] = K_w/[H_3O^+]$ であるので

$$K_b = \frac{[BH^+][OH^-]}{[B]} = \frac{[BH^+]K_w}{[B][H_3O^+]}$$

いま, $K_a = [B][H_3O^+]/[BH^+]$, $K_w = 10^{-14}$ であるので, 上式は

$$K_b = \frac{K_w}{K_a} = \frac{10^{-14}}{K_a}$$

となる. 両辺の対数をとり, $pK_b = -\log_{10} K_b$, $pK_a = -\log_{10} K_a$ であるから

$$pK_b = 14 - pK_a$$

となる.

◆ 問題 4.6 $Sr(OH)_2$ は水溶液中では完全に解離しているとみなせるので, $[OH^-]$ は $[Sr^{2+}]$ の 2 倍である. したがって

$$[OH^-] = 2[Sr^{2+}] = 1.0 \times 10^{-2}$$
$$[H_3O^+] = \frac{K_w}{[OH^-]} = \frac{1.0 \times 10^{-14}}{1.0 \times 10^{-2}} = 1.0 \times 10^{-12}$$

よって pH は 12 である.

◆ 問題 4.7 一般に, 塩基 B の極端に希薄な水溶液中の $[OH^-]$ は, 水の解離と, 反応

$$B + H_2O \rightleftarrows BH^+ + OH^-$$

によって水溶液中に存在する $[H_3O^+]$ と $[BH^+]$ の合計に等しい.

$Sr(OH)_2$ では, $[OH^-]$ は $[Sr^{2+}]$ の 2 倍であるので

$$[OH^-] = [H_3O^+] + 2[Sr^{2+}] \tag{1}$$

いま, $[H_3O^+] = K_w/[OH^-]$ (K_w は水のイオン積) を式 (1) に代入すると, $[OH^-]$ に関して二次方程式

$$[OH^-]^2 - 2[Sr^{2+}][OH^-] - K_w = 0$$

が得られる. この式に $[Sr^{2+}] = 5.0 \times 10^{-7}$, $K_w = 1.0 \times 10^{-14}$ を代入して, $[OH^-]$ について解くと

$$[OH^-] = 1.0 \times 10^{-6}$$

したがって

$$[H_3O^+] = \frac{K_w}{[OH^-]} = \frac{1.0 \times 10^{-14}}{1.0 \times 10^{-6}} = 1.0 \times 10^{-8}$$

よって
$$\text{pH} = -\log_{10}[\text{H}_3\text{O}^+] = -\log_{10}(1.0 \times 10^{-8}) = 8.0$$

【別解】 $[\text{OH}^-] = K_\text{w}/[\text{H}_3\text{O}^+]$ を式 (1) に代入すると,$[\text{H}_3\text{O}^+]$ に関して 2 次方程式

$$[\text{H}_3\text{O}^+]^2 + 2[\text{Sr}^{2+}][\text{H}_3\text{O}^+] - K_\text{w} = 0$$

が得られる.この式を $[\text{H}_3\text{O}^+]$ について解くと

$$[\text{H}_3\text{O}^+] = 1.0 \times 10^{-8}$$

を得る.これより,pH = 8.0.

◆ 問題 4.8 水溶液中の $[\text{CH}_3\text{COOH}]$ は,CH_3COOH がわずかに解離するので

$$[\text{CH}_3\text{COOH}] = C_0 - [\text{CH}_3\text{COO}^-]$$

また,水溶液は電気的中性であるので

$$[\text{H}_3\text{O}^+] = [\text{CH}_3\text{COO}^-] + [\text{OH}^-]$$

上の 2 式と酸解離定数 K_a の式より

$$K_\text{a} = \frac{[\text{H}_3\text{O}^+][\text{CH}_3\text{COO}^-]}{[\text{CH}_3\text{COOH}]} = \frac{[\text{H}_3\text{O}^+]([\text{H}_3\text{O}^+] - [\text{OH}^-])}{C_0 - ([\text{H}_3\text{O}^+] - [\text{OH}^-])}$$

いま,酸の溶液では多くの場合 $[\text{OH}^-]$ は非常に小さいので,$[\text{H}_3\text{O}^+] - [\text{OH}^-] = [\text{H}_3\text{O}^+]$ と近似されるので

$$K_\text{a} = \frac{[\text{H}_3\text{O}^+]^2}{C_0 - [\text{H}_3\text{O}^+]}$$

この式に,$[\text{H}_3\text{O}^+] = 5.8 \times 10^{-4}$, $C_0 = 1.9 \times 10^{-2}$ をそれぞれ代入して K_a を求める.

$$K_\text{a} = \frac{(5.8 \times 10^{-4})^2}{1.9 \times 10^{-2} - 5.8 \times 10^{-4}} = 1.8 \times 10^{-5}$$

よって,CH_3COOH の解離定数 K_a は 1.8×10^{-5}.

◆ 問題 4.9 第 4 章例題 1 より

$$K_\text{b} = \frac{[\text{OH}^-]([\text{OH}^-] - [\text{H}_3\text{O}^+])}{C_0 - ([\text{OH}^-] - [\text{H}_3\text{O}^+])}$$

ここで,$[\text{OH}^-] - [\text{H}_3\text{O}^+] = [\text{OH}^-]$ と近似し,$C_0 \gg [\text{OH}^-]$ とすると

$$K_\text{b} = \frac{[\text{OH}^-]^2}{C_0}$$

となる.いま,$K_\text{b} = K_\text{w}/K_\text{a}$ であるので

$$[\text{OH}^-] = \left(\frac{C_0 K_\text{w}}{K_\text{a}}\right)^{1/2}$$

$C_0 = 5.0 \times 10^{-2}$, $K_\text{a} = 1.8 \times 10^{-5}$, $K_\text{w} = 1.0 \times 10^{-14}$ にそれぞれ値を代入すると

$$[\text{OH}^-] = 5.3 \times 10^{-6}\,\text{mol}\,l^{-1}$$

◆ 問題 4.10 CH_3COOH 溶液 $V\,l$, CH_3COONa 溶液 $V'\,l$ を混合した溶液中の水素イオン濃度 $[H_3O^+]$ は

$$[\text{H}_3\text{O}^+] = \frac{K_a C_0}{C_0'}$$

で与えられる．この式に，$K_a = 1.8 \times 10^{-5}$, $[\text{H}_3\text{O}^+] = 1.0 \times 10^{-4}$, $C_0 = 1.0 \times 10^{-1} \times V$, $C_0' = 2.0 \times 10^{-1} \times V'$ を代入して，V'/V を得る．

$$K_a = 1.8 \times 10^{-5} = 1.0 \times 10^{-4} \times \frac{2.0 \times 10^{-1} \times V'}{1.0 \times 10^{-1} \times V}$$

これより，$V'/V = 0.09$.

よって，CH_3COOH 溶液と CH_3COONa 溶液を体積比 $1:0.09$ で混合すればよい．

5 章の問題解答

◆ 問題 5.1 塩橋の左側の極では酸化反応が，右側の極では還元反応が起こるので，各極では次の反応が起こる．

塩橋の左側の極: $\text{Ag(s)} + \text{Cl}^- \longrightarrow \text{AgCl(s)} + \text{e}^-$

塩橋の右側の極: $\text{Fe}^{3+} + \text{e}^- \longrightarrow \text{Fe}^{2+}$

両式の和をとると

$$\text{Ag(s)} + \text{Fe}^{3+} + \text{Cl}^- \longrightarrow \text{AgCl(s)} + \text{Fe}^{2+}$$

◆ 問題 5.2 ネルンストの式

$$\varepsilon = \varepsilon^0 - \frac{0.0591}{n} \log_{10} \left(\frac{a_X^x a_Y^y}{a_A^\alpha a_B^\beta} \right)$$

を問題 5.1 の反応式に使って

$$\varepsilon = \varepsilon^0 - \frac{0.0591}{1} \log_{10} \left(\frac{a_{\text{Fe}^{2+}}}{a_{\text{Fe}^{3+}} a_{\text{Cl}^-}} \right)$$

いま，$\varepsilon^0 = 0.549$, $a_{\text{Fe}^{2+}} = 0.0200$, $a_{\text{Fe}^{3+}} = 0.100$, $a_{\text{Cl}^-} = 0.400$ であるので

$$\varepsilon = 0.549 - \frac{0.0591}{1} \log_{10} \left(\frac{0.0200}{0.100 \times 0.400} \right) = 0.567$$

起電力は $0.567\,\text{V}$ である．

◆ 問題 5.3 標準電極電位が $\text{Fe}^{3+} + \text{e}^- \rightleftarrows \text{Fe}^{2+}$ の方が大きいので，Fe^{3+} が還元され 2I^- が酸化される反応が進行する．したがって，電池反応の反応式は

$$2\text{Fe}^{3+} + 2\text{I}^- \rightleftarrows 2\text{Fe}^{2+} + \text{I}_2$$

である．電池の標準状態での起電力 ε^0 は，$0.771 - 0.536 = 0.235$ であるので電池反応の平衡定数 K は，K と ε^0 との関係式 $K = 10^{n\varepsilon^0/0.0591}$ に，$n = 2$，$\varepsilon^0 = 0.235$ を代入して

$$K = 10^{2 \times 0.235/0.0591} = 10^{8.0}$$

となる．

◆ 問題 5.4 電解質の水溶液の電気分解では，電解質に由来するイオンの他に H_2O に関する反応を考慮する必要がある．一般的には，陰極においても陽極においても電極電位の高い方の反応が優先して起こる．しかし，反応物や生成物の過電圧も，どの反応が優先して起こるかを決める重要な因子である．

いま，考えられる電極反応で，電極電位，過電圧を比較すると

半電池反応	標準電極電位 ε^0 (V)	電極電位 ε (V)	過電圧 ε_{OV} (V)	$\varepsilon + \varepsilon_{OV}$ (V)
$Na^+ + e^- \longrightarrow Na$	-2.71	-2.71	—	-2.71
$H_2O + e^- \longrightarrow (1/2)H_2 + OH^-$	-0.83	-0.42	-0.2 ± 0.1	-0.6 ± 0.1
$Cl^- \longrightarrow (1/2)Cl_2 + e^-$	-1.36	-1.36	—	-1.36
$F^- \longrightarrow (1/2)F_2 + e^-$	-2.85	-2.85	—	-2.85
$H_2O \longrightarrow (1/2)O_2 + 2H^+ + 2e^-$	-1.23	-0.82	-0.8	-1.6

上の表では，$[Na^+] = [Cl^-] = [F^-] = 1\,mol\,l^{-1}$ で電極電位を計算しているが，電気分解実験での電極反応

$$H_2O + e^- \longrightarrow (1/2)H_2 + OH^-, \quad H_2O \longrightarrow (1/2)O_2 + 2H^+ + 2e^-$$

における生成物 OH^-，H^+ の濃度が $10^{-7}\,mol\,l^{-1}$ であるため，それぞれの電極電位は標準電極電位 -0.83，$-1.23\,V$ とは異なり，ネルンストの式から -0.42，$-0.82\,V$ となる．陰極では，反応

$$H_2O + e^- \longrightarrow (1/2)H_2 + OH^-$$

の $\varepsilon + \varepsilon_{OV}$ が反応

$$Na^+ + e^- \longrightarrow Na$$

の $\varepsilon + \varepsilon_{OV}$ より大きいので，NaCl と NaF のいずれの水溶液からも電気分解により水素が発生する．

一方，陽極では，反応

$$Cl^- \longrightarrow (1/2)Cl_2 + e^-$$

の $\varepsilon + \varepsilon_{OV}$ が反応

$$H_2O \longrightarrow (1/2)O_2 + 2H^+ + 2e^-$$

の $\varepsilon + \varepsilon_{OV}$ より大きいので，NaCl 水溶液を電気分解すると Cl_2 が発生するが，NaF 水溶液では，反応

$$H_2O \longrightarrow (1/2)O_2 + 2H^+ + 2e^-$$

の $\varepsilon + \varepsilon_{OV}$ が反応

$$F^- \longrightarrow (1/2)F_2 + e^-$$

の $\varepsilon + \varepsilon_{\mathrm{OV}}$ より大きいので，酸素が発生することになる．

◆ 問題 5.5　陰極では

$$H_2O + e^- \longrightarrow (1/2)H_2 + OH^-$$

の変化が起こり，9.65×10^4 C の電気量によって H_2 が $1/2$ mol 発生する．いま，NaF 水溶液を電気分解して得られた水素の量は $0.560\,l = 0.560/22.4 = 0.0250$ mol である．したがって流れた電気量は，次のようになる．

$$9.65 \times 10^4 \times \frac{0.0250}{1/2} = 4.83 \times 10^3 \,(\mathrm{C})$$

陽極では

$$(1/2)H_2O \longrightarrow (1/4)O_2 + H^+ + e^-$$

の変化が起こり，9.65×10^4 C の電気量によって O_2 が $1/4$ mol 発生するので，4.78×10^3 C で発生する O_2 の物質量は，次のようになる．

$$\frac{1}{4} \times \frac{4.83 \times 10^3}{9.65 \times 10^4} = 1.25 \times 10^{-2} \,(\mathrm{mol})$$

したがって，標準状態における O_2 の体積は，次のように求められる．

$$22.4 \times 1.25 \times 10^{-2} = 0.28\,(l)$$

◆ 問題 5.6　陰極で起こる反応は

$$Al^{3+} + 3e^- \longrightarrow Al$$

であるので，電子 1 mol で Al $1/3$ mol が生成する．電子 1 mol のもつ電気量は 9.65×10^4 C であり，Al の原子量は 27 であるので，9.65×10^4 C で Al 9 g が製造されることになる．したがって，Al 1.0 t 製造するのに必要な電気量は，次のように求められる．

$$9.65 \times 10^4 \times \frac{1.0 \times 10^6}{9} = 1.07 \times 10^{10} \,(\mathrm{C})$$

6 章の問題解答

◆ 問題 6.1

$$\begin{cases} 2Al + 6HCl \longrightarrow 2AlCl_3 + 3H_2 \\ 2Al + 2NaOH + 6H_2O \longrightarrow 2Na[Al(OH)_4] + 3H_2 \\ Al_2O_3 + 6HCl \longrightarrow 2AlCl_3 + 3H_2O \\ Al_2O_3 + 2NaOH + 3H_2O \longrightarrow 2Na[Al(OH)_4] \\ Al(OH)_3 + 3HCl \longrightarrow AlCl_3 + 3H_2O \\ Al(OH)_3 + NaOH \longrightarrow Na[Al(OH)_4] \end{cases}$$

$$\begin{cases} Zn + 2HCl \longrightarrow ZnCl_2 + H_2 \\ Zn + 2NaOH + 2H_2O \longrightarrow Na_2[Zn(OH)_4] + H_2 \\ ZnO + 2HCl \longrightarrow ZnCl_2 + H_2O \\ ZnO + 2NaOH + H_2O \longrightarrow Na_2[Zn(OH)_4] \\ Zn(OH)_2 + 2HCl \longrightarrow ZnCl_2 + 2H_2O \\ Zn(OH)_2 + 2NaOH \longrightarrow Na_2[Zn(OH)_4] \end{cases}$$

◆ 問題 6.2 P の外殻の電子配置は $3s^2 3p^3$ で，N の電子配置 $2s^2 2p^3$ と同じで，PCl_3 の構造は NH_3 と同様であると推定される．すなわち，右図に示す三角錐形と推定される．

◆ 問題 6.3

名称	化学式	名称	化学式
スルホキシル酸	H_2SO_2	亜ジチオン酸	$H_2S_2O_4$
亜硫酸	H_2SO_3	二亜硫酸	$H_2S_2O_5$
硫酸	H_2SO_4	ジチオン酸	$H_2S_2O_6$
ペルオキソ一硫酸	H_2SO_5	ポリチオン酸	$H_2S_nO_6$
チオ亜硫酸	$H_2S_2O_2$	二硫酸	$H_2S_2O_7$
チオ硫酸	$H_2S_2O_3$	ペルオキソ二硫酸	$H_2S_2O_8$

◆ 問題 6.4 Cl (主量子数 $n = 3$) は d 軌道があるため，励起状態として d 軌道を結合に用いることができるが，F ($n = 2$) には d 軌道がない．これを下図に示す．

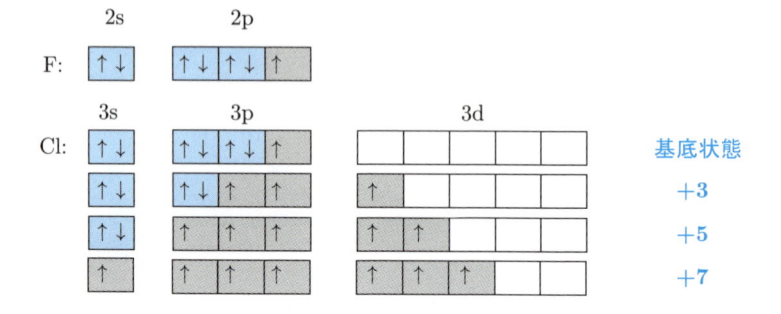

7章の問題解答

◆ 問題 7.1 $_{25}Mn$: $3d^5 4s^2$,　$_{48}Cd$: $4d^{10} 5s^2$,　$_{73}Ta$: $5d^3 6s^2$

◆ 問題 7.2
(a) $2H_2O_2 \longrightarrow 2H_2O + O_2 \uparrow$　（酸化マンガン (IV) は触媒，酸素が発生する）

(b)　$2KMnO_4 + 8H_2SO_4 + 10FeSO_4 \longrightarrow 2MnSO_4 + K_2SO_4 + 5Fe_2(SO_4)_3 + 8H_2O$

過マンガン酸カリウムは酸化剤として働く．

$$MnO_4^- + 8H^+ + 5e^- \longrightarrow Mn^{2+} + 4H_2O$$

鉄(II)イオンは還元剤として働く．

$$Fe^{2+} \longrightarrow Fe^{3+} + e^-$$

2つの式からe^-を消去して

$$MnO_4^- + 8H^+ + 5Fe^{2+} \longrightarrow Mn^{2+} + 5Fe^{3+} + 4H_2O$$

上の式に，反応に関与しなかったK^+とSO_4^{2-}を組み合わせて

$$KMnO_4 + 4H_2SO_4 + 5FeSO_4 \longrightarrow MnSO_4 + \frac{1}{2}K_2SO_4 + \frac{5}{2}Fe_2(SO_4)_3 + 4H_2O$$

全体を2倍して

$$2KMnO_4 + 8H_2SO_4 + 10FeSO_4 \longrightarrow 2MnSO_4 + K_2SO_4 + 5Fe_2(SO_4)_3 + 8H_2O$$

(c)　$2AgNO_3 + K_2CrO_4 \longrightarrow Ag_2CrO_4 \downarrow + 2KNO_3$（赤褐色の難溶性のクロム酸銀が生成する）$(2Ag^+ + CrO_4^{2-} \longrightarrow Ag_2CrO_4 \downarrow)$

(d)　$2CrO_4^{2-} + 2H^+ \longrightarrow Cr_2O_7^{2-} + H_2O$
　　　$Cr_2O_7^{2-} + 2OH^- \longrightarrow 2CrO_4^{2-} + H_2O$

クロム酸イオンCrO_4^{2-}を含む水溶液に酸を加えるとCrO_4^{2-}が二クロム酸イオン$Cr_2O_7^{2-}$になるため，色が変わる．これをアルカリ性にすると再びCrO_4^{2-}になって，水溶液が変色する．

(e)　$K_2Cr_2O_7 + 14HCl + 6KI \longrightarrow 2CrCl_3 + 8KCl + 3I_2 + 7H_2O$

二クロム酸カリウムは酸化剤，ヨウ化カリウムは還元剤として働くので，(b)と同様に取り扱うことができる．

◆ 問題 7.3　王水では，金や白金が硝酸で酸化されると同時に，Cl^-と反応して水に可溶なクロロ錯体$[AuCl_4]^-$や$[PtCl_6]^{2-}$が形成されるためと考えられる．

◆ 問題 7.4　$_{39}Y : 4d^1 5s^2$,　$_{57}La : 5d^1 6s^2$,　$_{62}Sm : 4f^6 6s^2$,　$_{64}Gd : 4f^7 5d^1 6s^2$
　　　　　　$_{89}Ac : 6d^1 7s^2$,　$_{92}U : 5f^3 6d^1 7s^2$,　$_{95}Am : 5f^7 7s^2$

◆ 問題 7.5　α壊変では原子核は原子番号が2，質量数が4だけ減少し，β^-壊変では原子番号が1だけ増加する．これより

　　(イ)　$223 - 4 = 219$　　(ロ)　$219 - 4 = 215$　　(ハ)　211　　(ニ)　$211 - 4 = 207$
　　(ホ)　$86 - 2 = 84$　　　(ヘ)　83　　　　　　　ト = Po　　チ = Tl

8章の問題解答

◆ 問題 8.1
(a) ヘキサアクアコバルト (III) 塩化物　　hexaaquacobalt(III) chloride
(b) トリシアノトリアンミンコバルト (III)　　triamminetricyanocobalt(III)
(c) ヘキサニトロコバルト (III) 酸ナトリウム　　sodium hexanitrocobaltate(III)

◆ 問題 8.2
(a) $[Co(Cl)_2(H_2O)_2]$　　(b) $Na_2[PtCl_4]$　　(c) $[PtCl(NO_2)(NH_3)_2]$
(d) $[Al(OH)(H_2O)_5]^{2+}$　　(e) $[PtCl_2(NH_3)_2]$

◆ 問題 8.3　四面体型錯体では，分裂した d 軌道のうちエネルギー準位の低い軌道に電子が入ると，電子 1 個当たり系全体のエネルギーは $3\Delta_t/5$ だけ分裂前より低下する．
　一方，エネルギー準位の高い軌道に電子が入ると $2\Delta_t/5$ だけ高くなる．また，四面体型錯体と八面体型錯体において，中心金属イオンと配位子が同じで，その間の距離も同じと仮定すると，結晶場分裂エネルギー Δ_t と Δ_o との間には $\Delta_t = 4\Delta_o/9$ の関係がある．
　したがって，四面体型錯体では，分裂した d 軌道のうちエネルギー準位の低い軌道に電子が入ると，電子 1 個当たり系全体のエネルギーは

$$(3/5)(4\Delta_o/9) \ (= (3/5)(40Dq/9) = 2.67Dq)$$

だけ分裂前より低下する．一方，エネルギー準位の高い軌道に電子が入ると $1.28Dq$ だけ高くなる．したがって，解答は以下のようになる．

(a) e_g　　(b) 2.67　　(c) e_g^2　　(d) $5.34 \ (= -\{2 \times 2.67\})$　　(e) $e_g^2 t_g^2$
(f) $1.78 \ (= -\{2 \times 2.67 - 2 \times 1.78\})$　　(g) $e_g^2 t_g^3$　　(h) 0　　(i) $e_g^3 t_g^3$
(j) $2.67 \ (= -\{3 \times 2.67 - 3 \times 1.78\})$　　(k) $e_g^4 t_g^3$
(l) $5.34 \ (= -\{4 \times 2.67 - 3 \times 1.78\})$
(m) $e_g^4 t_g^4$　　(n) $3.56 \ (= -\{4 \times 2.67 - 4 \times 1.78\})$

◆ 問題 8.4　第 8 章例題 2 と同様に考えて
(a) 2　　(b) 2.83　　(c) 3　　(d) 3.87　　(e) 5　　(f) 5.92
(g) 4　　(h) 4.90　　(i) 3　　(j) 3.87　　(k) 2　　(l) 2.83
を得る．

◆ 問題 8.5　Ti^{3+} イオンには d 軌道に 1 個の電子が存在する．八面体型錯体が形成すると配位子の影響によって d 軌道は分裂し，基底状態における電子配置は t_{2g} で，不対電子が 1 つある．このような場合には $e_g \leftarrow t_{2g}$ の吸収帯が 1 つ観測される．この吸収帯は Δ_o に相当する．したがって，$\Delta_o = ch/\lambda$ となる．h はプランク定数 $(6.63 \times 10^{-34} \, \text{J s})$，$c$ は光速度 $(3.00 \times 10^8 \, \text{m s}^{-1})$，$\lambda$ は波長 $(5.00 \times 10^{-7} \, \text{m})$ である．これらの値を代入して

$$\Delta_o = \frac{ch}{\lambda} = \frac{3.00 \times 10^8 \times 6.63 \times 10^{-34}}{5.00 \times 10^{-7}} = 3.98 \times 10^{-19} \, (\text{J})$$

いま，$1\,\text{eV} = 1.60 \times 10^{-19}\,\text{J}$ であるので，$3.98 \times 10^{-19}\,\text{J}$ は $2.49\,\text{eV}$ となる．

◆ 問題 8.6 　(a)　$[\text{PtCl}_2(\text{NH}_3)_2]$ は平面四角形型錯体である．

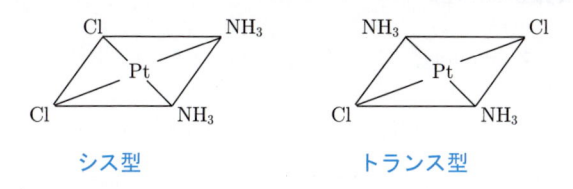

シス型　　　　　　　　　トランス型

(b)　$[\text{CoCl}_2(\text{NH}_3)_4]^+$ は八面体型錯体である．

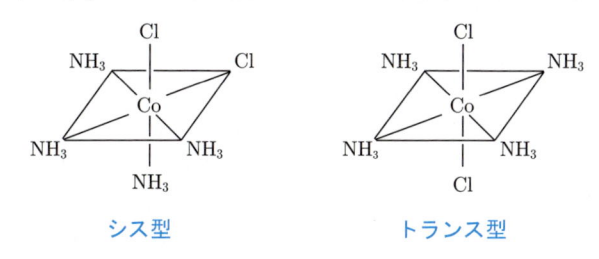

シス型　　　　　　　　　トランス型

◆ 問題 8.7 　ルイス塩基である配位子が中心金属イオンに非共有電子対を与えやすいかどうかの程度が錯体の安定度定数に影響を与える．この与えやすいかどうかの程度は配位子の酸解離定数 K_a から知ることができる．すなわち，$\log_{10} K_\text{a}$ が大きいほど，強いルイス塩基であるので，安定度定数を増大させる．つまり，配位子の極性が大きいほど安定度は増大する．また，キレート効果も安定度を増加させる．キレート環の大きさが大きいほど安定度定数は大きくなる．

◆ 問題 8.8 　錯イオン形成の平衡式および錯イオンの安定度定数 K は，それぞれ次式で表される．

$$\text{X}_2 + \text{X}^- \rightleftharpoons \text{X}_3^-$$

$$K = \frac{[\text{X}_3^-]}{[\text{X}_2][\text{X}^-]}$$

いま，$[\text{X}_3^-]$ は，最初の X^- イオン濃度の 75% であるので

$$[\text{X}_3^-] = 2.0 \times 10^{-1} \times 0.75 = 1.5 \times 10^{-1}$$

したがって

$$K = \frac{[\text{X}_3^-]}{[\text{X}_2][\text{X}^-]}$$

$$= \frac{1.5 \times 10^{-1}}{(3.0 \times 10^{-1} - 1.5 \times 10^{-1}) \times (2.0 \times 10^{-1} - 1.5 \times 10^{-1})} = 20$$

総合演習問題の解答

■ **1** ■ ポーリング (Pauling) は，2 原子分子 AB の結合が共有結合とイオン結合の共鳴によって説明されるとして，以下のように電気陰性度と共鳴のエネルギーを関連付けた．共有結合エネルギーが A–A, B–B の結合エネルギーの幾何平均とすると，共鳴エネルギーは

$$(共鳴エネルギー) = (実際の結合エネルギー) - (共有結合エネルギー)$$

で表され，A, B 原子の電位陰性度 χ_A, χ_B の差に比例する

$$|\chi_B - \chi_A|^2 \propto (共鳴エネルギー)$$

とした．また共有結合エネルギーは A–A, B–B の結合エネルギーの幾何平均とした．電気陰性度の差 $|\chi_B - \chi_A|$ が大きいほどイオン性が大きいことになる．

これにより Cl と H，Br と H の電気陰性度の差を求めると，HCl および HBr の結合のイオン性を比べることができる．いま

$$|\chi_{Cl} - \chi_H|^2 \propto 432 - \sqrt{436 \times 243} = 107 \ (\text{kJ mol}^{-1})$$

$$|\chi_{Br} - \chi_H|^2 \propto 366 - \sqrt{436 \times 193} = 75.9 \ (\text{kJ mol}^{-1})$$

$|\chi_{Cl} - \chi_H| > |\chi_{Br} - \chi_H|$ より，HCl の方が HBr よりイオン結合性が強い．

■ **2** ■ 水素原子における 1s 軌道のエネルギー E は

$$E = \frac{mZ^2 e^4}{8\varepsilon_0^2 n^2 h^2} \quad (Z = 1, n = 1)$$

から 13.6 eV と計算され，イオン化ポテンシャルと一致する．一方，ヘリウム原子では，2 個の電子が存在し，その間の反発や一方の電子が核の電子を遮蔽するため核電荷 Z が小さくなるために第一イオン化ポテンシャルは予想されるより小さくなる．一方，He の第二イオン化ポテンシャルは，He^+ が水素類似原子であるから，$mZ^2 e^4 / 8\varepsilon_0^2 n^2 h^2 \ (Z = 2, n = 1)$ の値と一致する．

■ **3** ■

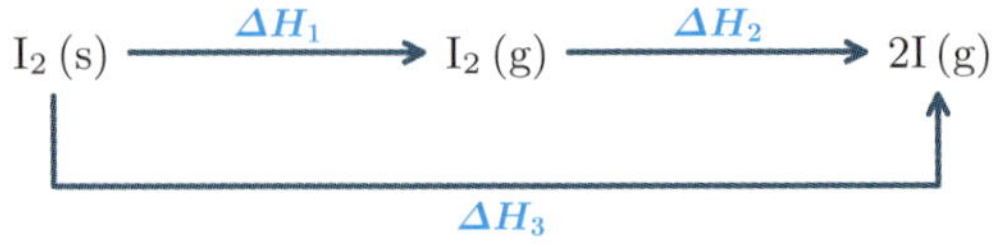

$$I_2(s) \xrightarrow{\Delta H_1} I_2(g) \xrightarrow{\Delta H_2} 2I(g)$$

$$I_2(s) \xrightarrow{\Delta H_3} 2I(g)$$

$$I_2(s) \longrightarrow I_2(g) \quad \Delta H_1 = 62.3$$

$$I_2(s) \longrightarrow 2I(g) \quad \Delta H_3 = 2 \times 106.9$$

いま，上図より $\Delta H_3 = \Delta H_1 + \Delta H_2$ の関係が成り立つので

$$\Delta H_2 = \Delta H_3 - \Delta H_1 = 213.8 - 62.3 = 151.5$$

この ΔH_2 が I–I の結合エネルギーに相当するので，求める結合エネルギーは $151.5\,\mathrm{kJ\,mol^{-1}}$ である．

■ 4 ■ 中和反応

$$\mathrm{HCl\,(aq) + NaOH\,(aq) \longrightarrow NaCl\,(aq) + H_2O\,(l)}$$

まず，HCl (aq), NaOH (aq), NaCl (aq), $\mathrm{H_2O}\,(l)$ それぞれの標準生成エンタルピー，$\Delta H_\mathrm{f}^\circ(\mathrm{HCl\,(aq)})$, $\Delta H_\mathrm{f}^\circ(\mathrm{NaOH\,(aq)})$, $\Delta H_\mathrm{f}^\circ(\mathrm{NaCl\,(aq)})$, $\Delta H_\mathrm{f}^\circ(\mathrm{H_2O}\,(l))$ を計算する．

$$\Delta H_\mathrm{f}^\circ(\mathrm{HCl\,(aq)}) = \Delta H_\mathrm{f}^\circ(\mathrm{H^+\,(aq)}) + \Delta H_\mathrm{f}^\circ(\mathrm{Cl^-\,(aq)}) = 0 + (-167.2) = -167.2$$

$$\Delta H_\mathrm{f}^\circ(\mathrm{NaOH\,(aq)}) = \Delta H_\mathrm{f}^\circ(\mathrm{Na^+\,(aq)}) + \Delta H_\mathrm{f}^\circ(\mathrm{OH^-\,(aq)}) = (-240.1) + (-230.0)$$
$$= -470.1$$

$$\Delta H_\mathrm{f}^\circ(\mathrm{NaCl\,(aq)}) = \Delta H_\mathrm{f}^\circ(\mathrm{Na^+\,(aq)}) + \Delta H_\mathrm{f}^\circ(\mathrm{Cl^-\,(aq)}) = (-240.1) + (-167.2)$$
$$= -407.3$$

$$\Delta H_\mathrm{f}^\circ(\mathrm{H_2O}\,(l)) = -285.9$$

よって，中和反応のエンタルピー変化 $\Delta H^\circ(\text{反応})$ は

$\Delta H^\circ(\text{反応})$
$= \{\Delta H_\mathrm{f}^\circ(\mathrm{NaCl\,(aq)}) + \Delta H_\mathrm{f}^\circ(\mathrm{H_2O}\,(l))\} - \{\Delta H_\mathrm{f}^\circ(\mathrm{HCl\,(aq)}) + \Delta H_\mathrm{f}^\circ(\mathrm{NaOH\,(aq)})\}$
$= \{(-407.3) + (-285.9)\} - \{(-167.2) + (-470.1)\} = -55.9\,\mathrm{(kJ\,mol^{-1})}$

このエンタルピー変化 $\Delta H^\circ(\text{反応})$ は

$$\mathrm{H^+\,(aq) + OH^-\,(aq) \rightarrow H_2O\,(l)}$$

の反応のエンタルピー変化 $\{-285.9 - (-230.0)\}$ に一致する．

■ 5 ■

$-NA|z_+z_-|e^2/4\pi\varepsilon_0$ は定数となるので，$-NA|z_+z_-|e^2/4\pi\varepsilon_0 = C$ とおくと，全ポテンシャルエネルギー E は

$$E = \frac{C}{r} + \frac{B}{r^n}$$

いま，r_0 が平衡位置であるので，$r = r_0$ のところで E が極小値となるはずであるから

$$\left(\frac{dE}{dr}\right)_{r=r_0} = -\frac{C}{r_0^2} - \frac{nB}{r_0^{n+1}} = 0$$

である．これより

$$B = -\frac{Cr_0^{n-1}}{n}$$

よって，$r = r_0$ での全ポテンシャルエネルギー $E_{r=r_0}$ は

$$E_{r=r_0} = \frac{C}{r_0} - \frac{Cr_0^{n-1}}{nr_0^n} = \frac{C}{r_0}\left(1 - \frac{1}{n}\right) = -\frac{NA|z_+z_-|e^2(1-1/n)}{4\pi\varepsilon_0 r_0}$$

格子エネルギー U はこの符号を変えたものであるので

$$U = \frac{NA|z_+z_-|e^2(1-1/n)}{4\pi\varepsilon_0 r_0}$$

となる.

■ 6 ■ 格子エネルギーとは, 0 K で結晶を構成要素に分解するのに必要なエネルギーである. 0 K では, $dE = -PdV$ であるので

$$\frac{1}{\beta} = V\left(-\frac{dP}{dV}\right) = V\left(\frac{d^2E}{dV^2}\right) \tag{1}$$

(d^2E/dV^2) を以下のように変形する.

$$\frac{d^2E}{dV^2} = \frac{d\{(dE/dr)\cdot(dr/dV)\}}{dV} = \frac{dE}{dr}\left\{\frac{d(dr/dV)}{dV}\right\} + \frac{dr}{dV}\left\{\frac{d(dE/dr)}{dV}\right\}$$

$$= \frac{dE}{dr}\frac{d^2r}{dV^2} + \frac{dr}{dV}\left\{\frac{d(dE/dr)}{dV}\right\}$$

$$= \frac{dE}{dr}\frac{d^2r}{dV^2} + \frac{dr}{dV}\left[\left\{\frac{d(dE/dr)}{dr}\right\}\frac{dr}{dV}\right]$$

$$= \frac{dE}{dr}\frac{d^2r}{dV^2} + \frac{d^2E}{dr^2}\left(\frac{dr}{dV}\right)^2$$

いま, $r = r_0$ で $(dE/dr)_{r=r_0} = 0$, また, 問題 5 と同様, $-NA|z_+z_-|e^2/4\pi\varepsilon_0 = C$ とおくと

$$E = \frac{C}{r} + \frac{B}{r^n}$$

$$\left(\frac{d^2E}{dr^2}\right)_{r=r_0} = \frac{2C}{r_0^3} + \frac{n(n+1)B}{r_0^{n+2}}$$

また, 問題 5 より, $B = -Cr_0^{n-1}/n$ であるので

$$\left(\frac{d^2E}{dr^2}\right)_{r=r_0} = \frac{2C}{r_0^3} + \frac{n(n+1)}{r_0^{n+2}}\left(-\frac{Cr_0^{n-1}}{n}\right) = -\frac{(n-1)C}{r_0^3}$$

いま, 一辺 r_0 の立方体中に ρ 個の分子があるとすると, $V = Nr_0^3/\rho$ であるので

$$\left(\frac{dr}{dV}\right)_{r=r_0} = \frac{\rho}{3Nr_0^2}$$

よって, 式 (1) は

$$\frac{1}{\beta} = V\left(\frac{d^2E}{dV^2}\right)_{r=r_0} = \left(-\frac{Nr_0^3}{\rho}\right)\left\{\left(\frac{(n-1)C}{r_0^3}\right)\left(\frac{\rho}{3Nr_0^2}\right)^2\right\} = -\frac{(n-1)C\rho}{9Nr_0^4}$$

これより
$$n - 1 = -\frac{9Nr_0^4}{C\rho\beta}$$
この式に $C = -NA|z_+z_-|e^2/4\pi\varepsilon_0$ を代入すると
$$n = 1 + \frac{36\pi\varepsilon_0 r_0^4}{\rho\beta A|z_+z_-|e^2}$$

7 $U = \dfrac{NA|z_+z_-|e^2(1-1/n)}{4\pi\varepsilon_0 r_0}$ に $r_0 = 0.314$ (nm), $n = 10$, $A = 1.75$, $N = 6.02 \times 10^{23}$ (mol^{-1}), $\varepsilon_0 = 8.85 \times 10^{-12}$ (F m^{-1}), $e = 1.60 \times 10^{-19}$ (C), $z_+ = +1$, $z_- = -1$ をそれぞれ代入して格子エネルギー U を求めると, 6.96×10^5 J mol^{-1} となる.

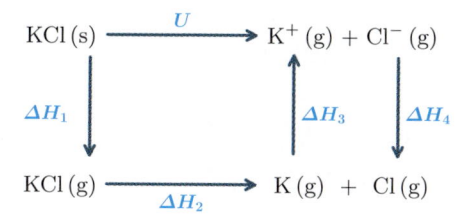

$$\begin{array}{ccc}
\text{KCl(s)} & \xrightarrow{U} & \text{K}^+\text{(g)} + \text{Cl}^-\text{(g)} \\
\downarrow \Delta H_1 & & \uparrow \Delta H_3 \quad \uparrow \Delta H_4 \\
\text{KCl(g)} & \xrightarrow{\Delta H_2} & \text{K(g)} + \text{Cl(g)}
\end{array}$$

U : KCl(s) の格子エネルギー　　696 kJ mol^{-1}
ΔH_1 : KCl の昇華熱
ΔH_2 : K–Cl 結合エネルギー　　424 kJ mol^{-1}
ΔH_3 : K のイオン化エネルギー　　418 kJ mol^{-1}
ΔH_4 : Cl の電子親和力　　349 kJ mol^{-1}

上図より, $U + \Delta H_4 = \Delta H_1 + \Delta H_2 + \Delta H_3$. よって
$$\Delta H_1 = U + \Delta H_4 - \Delta H_2 - \Delta H_3 = 696 + 349 - 424 - 418 = 203$$

昇華熱は, 203 kJ mol^{-1} となる.

8 ブタジエンの 4 個の電子が独立に振舞うとすると, 1 番エネルギーの低い状態は, $n=1$ と $n=2$ に電子がそれぞれ 2 個ずつ配置する場合で, 2 番目に低い状態は, $n=1$ に電子が 2 個, $n=2$ と $n=3$ に電子がそれぞれ 1 個ずつ配置する場合である.

井戸型ポテンシャル中の粒子のもつエネルギー E_n は, $E_n = h^2n^2/8ma^2$ である. 2 つのエネルギー差は, $n=2$ と $n=3$ のエネルギー差に等しいので
$$\Delta E = \frac{h^2}{8ma^2}(3^2 - 2^2) = \frac{5h^2}{8ma^2}$$

h はプランク定数 (= 6.63×10^{-34} J s), m は電子の質量 (= 9.11×10^{-31} kg), a は 0.578 nm = 5.78×10^{-10} m であるので, これらの値を上の式に代入して ΔE を求めると
$$\Delta E = 9.02 \times 10^{-19} \text{ (J)}$$

となる．いま，光速度 $c\,(=3.00\times10^8\,\mathrm{m\,s^{-1}})$，波長 λ とすると，$\Delta E = ch/\lambda$ であるので，求める光の波長 λ は

$$\lambda = \frac{3.00\times10^8 \times 6.63\times10^{-34}}{9.02\times10^{-19}} = 2.21\times10^{-7}\,(\mathrm{m}) = 221\,(\mathrm{nm})$$

9 両端の C はエチレンと同様 sp^2 混成軌道をつくる．一方，中央の C はアセチレンと同様 sp 混成軌道をつくり，この軌道は 180° 反対向きであるので，両端の C との 2 つの σ 結合は直線となる．すなわち，3 つの C は一直線上に位置する．また，中央の C の残りの直交する 2 つの p 軌道は，両端の C の p 軌道と側面―側面との重なりによって π 結合を形成する．この 2 個の π 結合がたがいに直交しているため，左の H–C–H の面と右の H–C–H の面は直交している（下図参照）．

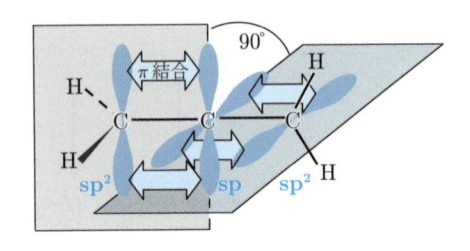

10 第 3 章問題 3.2 より，立方格子では面間隔 d とミラー指数，格子定数の間には，次式の関係がある．

$$d^2 = \frac{a^2}{h^2 + k^2 + l^2}$$

また，d と X 線の干渉が強く現れる角度 θ との間には，ブラッグの反射条件

$$d = \lambda/2\sin\theta$$

が成り立つ．波長 1.54×10^{-1} nm の X 線を照射したところ (1 0 0) 面に対する干渉が $2\theta = 32.4°$ で強く現れたことより，上の 2 つの式を使って格子定数 a が求められる．

$$a = \frac{\lambda}{2\sin\theta} = \frac{1.54\times10^{-1}}{2\sin(16.2°)} = 2.76\times10^{-1}\,(\mathrm{nm})$$

この格子定数 a を用いて (1 1 0), (1 1 1) 面に対する干渉が強く現れる角度 (2θ) を求める．(1 1 0) 面に対しては

$$d = a/\sqrt{2}$$

より

$$\sin\theta = \frac{\lambda}{2d} = \frac{\lambda}{\sqrt{2}\,a} = \frac{1.54\times10^{-1}}{\sqrt{2}\times 2.76\times10^{-1}} = 0.395$$

したがって，2θ は 46.5° となる．(1 1 1) 面に対しても同様にして

$$\sin\theta = \frac{\lambda}{2d} = \frac{\sqrt{3}\,\lambda}{2a} = \frac{\sqrt{3}\times 1.54\times 10^{-1}}{2\times 2.76\times 10^{-1}} = 0.483$$

したがって，2θ は $57.8°$ となる．

11 体心格子の分数座標は $(0\ 0\ 0)$, $(1/2\ 1/2\ 1/2)$. したがって，構造因子 $F(hkl)$ は

$$F(h\ k\ l) = \sum_{j}^{n} f_j \exp\{i2\pi(hu_j + kv_j + lw_j)\}$$

あるいは

$$F(h\ k\ l) = \sum_{j}^{n} f_j \{\cos 2\pi(hu_j + kv_j + lw_j) + i\sin 2\pi(hu_j + kv_j + lw_j)\}$$

で与えられるので，この式に $(u_1\ v_1\ w_1) = (0\ 0\ 0)$, $(u_2\ v_2\ w_2) = (1/2\ 1/2\ 1/2)$ を代入すると

$$F(h\ k\ l) = f[1 + \exp\{i\pi(h+k+l)\}] \tag{1}$$

あるいは

$$F(h\ k\ l) = f[1 + \{\cos\pi(h+k+l) + i\sin\pi(h+k+l)\}] \tag{2}$$

h, k, l は整数であるので，式 (1), (2) はともに

$h + k + l =$ 奇数 のとき, $F(h\ k\ l) = 0$
$h + k + l =$ 偶数 のとき, $F(h\ k\ l) = 2f$

となる．回折線の強度は構造因子の 2 乗に比例するので，$(1\ 1\ 1)$ 面からの回折線は $h+k+l=3$ で奇数となるため，観測されないことになる．

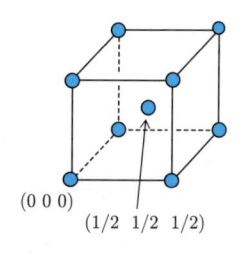

12 面心格子の分数座標は $(0\ 0\ 0)$, $(0\ 1/2\ 1/2)$, $(1/2\ 0\ 1/2)$, $(1/2\ 1/2\ 0)$. したがって，構造因子 $F(h\ k\ l)$ は

$$F(h\ k\ l) = f[1 + \exp\{i\pi(k+l)\} + \exp\{i\pi(h+l)\} + \exp\{i\pi(h+k)\}] \tag{1}$$

あるいは

$$F(h\ k\ l) = f[1 + \{\cos\pi(k+l) + i\sin\pi(k+l)\} + \{\cos\pi(h+l) + i\sin\pi(h+l)\} + \{\cos\pi(h+k) + i\sin\pi(h+k)\}] \tag{2}$$

h, k, l は整数であるので，式 (1), (2) はともに

$h + k + l =$ 奇数 のとき, $F(h\ k\ l) = 4f$
$h + k + l =$ 偶数 のとき, $F(h\ k\ l) = 4f$

しかし，h, k, l のうち 1 個だけが偶数の場合は $F(h\ k\ l) = 0$ となる．また，h, k, l のうち

1 個だけが奇数の場合も $F(h\,k\,l) = 0$ となる．したがって，面心立方格子では，h, k, l のうち 1 個だけが奇数または偶数の場合反射は起こらないことになる．このことより，(1 1 1) 面からの回折線は観察される．

13 立方晶の単位胞の体積 V は a^3 であり，それには，NaCl が 4 つ含まれるので

$$2.164 = 4 \times \frac{22.99 + 35.45}{6.022 \times 10^{23} \times a^3}$$

これより，$a = 5.640 \times 10^{-8}$ (cm) $= 0.5640$ (nm)．

NaCl は面心立方格子であるので，問題 **12** より h, k, l がすべて偶数か奇数の面からの回折のみが現れる．$(h\,k\,l)$ 面の反射角 θ とすると

$$\sin\theta = \frac{\lambda}{2}\frac{\sqrt{h^2+k^2+l^2}}{a} = \frac{0.1539}{2} \times \frac{\sqrt{h^2+k^2+l^2}}{0.5640} \tag{1}$$

現れる最小角度の面は (1 1 1) 面となるので，その角度は，上式に $h = k = l = 1$ を代入して

$$\sin\theta = \frac{0.1539}{2} \times \frac{\sqrt{3}}{0.5640} = 0.2363$$

よって，$\theta = 13.67°$．また，式 (1) より

$$h^2 + k^2 + l^2 = 53.72 \sin^2\theta \leq 53.72$$

最も大きい角度の回折線を示すのは，$h^2 + k^2 + l^2$ が 53.72 に近い面になることになる．下表に回折角を示す．

$h\,k\,l$	4 4 4	5 3 3	5 5 1	6 2 2	6 4 0	7 1 1
$h^2+k^2+l^2$	48	43	51	44	52	51
$\sin\theta$	0.9453	0.8947	0.9744	0.9050	0.9839	0.9744
θ	70.96	63.47	77.00	64.83	79.69	77.00

これより，最も大きい角度の回折線は (6 4 0) 面からの回折と考えられる．

14 平行六面体 ABCD - EFGH において

$$\mathbf{AB} \cdot \mathbf{AD} = |\mathbf{AB}||\mathbf{AD}|\cos\angle\text{DAB} \tag{1}$$

$$\mathbf{AB} \cdot \mathbf{AE} = |\mathbf{AB}||\mathbf{AE}|\cos\angle\text{BAE} \tag{2}$$

$$\mathbf{AD} \cdot \mathbf{AE} = |\mathbf{AD}||\mathbf{AE}|\cos\angle\text{DAE} \tag{3}$$

点 A から 3 点 E, F, H で決まる平面に下した垂線の足を P とする．

$$\mathbf{AP} = x \cdot \mathbf{AE} + y \cdot \mathbf{AF} + z \cdot \mathbf{AH}$$

とおくと 4 点 P, E, F, H は同一平面にあるので

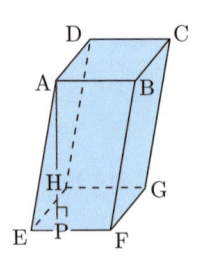

$$x + y + z = 1$$

いま
$$\mathbf{AF} = \mathbf{AB} + \mathbf{BF} = \mathbf{AB} + \mathbf{AE}, \quad \mathbf{AH} = \mathbf{AD} + \mathbf{DH} = \mathbf{AD} + \mathbf{AE}$$
より
$$\mathbf{AP} = x \cdot \mathbf{AE} + y \cdot \mathbf{AF} + z \cdot \mathbf{AH} = (x+y+z) \cdot \mathbf{AE} + y \cdot \mathbf{AB} + z \cdot \mathbf{AD}$$
$$= \mathbf{AE} + y \cdot \mathbf{AB} + z \cdot \mathbf{AD}$$

$\mathbf{AP}$ と $\mathbf{AB}$ は垂直であるので
$$\begin{aligned}\mathbf{AP} \cdot \mathbf{AB} = 0 &= \mathbf{AE} \cdot \mathbf{AB} + (y \cdot \mathbf{AB}) \cdot \mathbf{AB} + (z \cdot \mathbf{AD}) \cdot \mathbf{AB} \\ &= \mathbf{AE} \cdot \mathbf{AB} + y \cdot (\mathbf{AB} \cdot \mathbf{AB}) + z \cdot (\mathbf{AD} \cdot \mathbf{AB}) \\ &= \mathbf{AE} \cdot \mathbf{AB} + y \cdot |\mathbf{AB}|^2 + z \cdot (\mathbf{AD} \cdot \mathbf{AB}) \quad (4)\end{aligned}$$

式 (4) に式 (1), (2) を代入して
$$\mathbf{AE} \cdot \mathbf{AB} + y \cdot |\mathbf{AB}|^2 + z \cdot (\mathbf{AD} \cdot \mathbf{AB})$$
$$= |\mathbf{AB}||\mathbf{AE}| \cos \angle \mathrm{BAE} + y \cdot |\mathbf{AB}|^2 + z \cdot |\mathbf{AB}||\mathbf{AD}| \cos \angle \mathrm{DAB} = 0 \quad (5)$$

また, $\mathbf{AP}$ と $\mathbf{AD}$ も垂直であるので
$$\begin{aligned}\mathbf{AP} \cdot \mathbf{AD} = 0 &= \mathbf{AE} \cdot \mathbf{AD} + (y \cdot \mathbf{AB}) \cdot \mathbf{AD} + (z \cdot \mathbf{AD}) \cdot \mathbf{AD} \\ &= \mathbf{AE} \cdot \mathbf{AD} + y \cdot (\mathbf{AB} \cdot \mathbf{AD}) + z \cdot (\mathbf{AD} \cdot \mathbf{AD}) \\ &= \mathbf{AE} \cdot \mathbf{AD} + y \cdot (\mathbf{AB} \cdot \mathbf{AD}) + z \cdot |\mathbf{AD}|^2 \quad (6)\end{aligned}$$

式 (6) に式 (1), (3) を代入して
$$\mathbf{AE} \cdot \mathbf{AD} + y \cdot (\mathbf{AB} \cdot \mathbf{AD}) + z \cdot |\mathbf{AD}|^2$$
$$= |\mathbf{AD}||\mathbf{AE}| \cos \angle \mathrm{DAE} + y \cdot |\mathbf{AB}||\mathbf{AD}| \cos \angle \mathrm{DAB} + z \cdot |\mathbf{AD}|^2 = 0 \quad (7)$$

式 (5), (7) より
$$y = |\mathbf{AE}|(\cos \angle \mathrm{DAE} \cdot \cos \angle \mathrm{DAB} - \cos \angle \mathrm{BAE})/|\mathbf{AB}|(1 - \cos^2 \angle \mathrm{DAB})$$
$$z = |\mathbf{AE}|(\cos \angle \mathrm{BAE} \cdot \cos \angle \mathrm{DAB} - \cos \angle \mathrm{DAE})/|\mathbf{AD}|(1 - \cos^2 \angle \mathrm{DAB})$$

よって
$$\begin{aligned}\mathbf{AP} =\ & \mathbf{AE} + \frac{|\mathbf{AE}|(\cos \angle \mathrm{DAE} \cos \angle \mathrm{DAB} - \cos \angle \mathrm{BAE})}{|\mathbf{AB}|(1 - \cos^2 \angle \mathrm{DAB})} \cdot \mathbf{AB} \\ & + \frac{|\mathbf{AE}|(\cos \angle \mathrm{BAE} \cos \angle \mathrm{DAB} - \cos \angle \mathrm{DAE})}{|\mathbf{AD}|(1 - \cos^2 \angle \mathrm{DAB})} \cdot \mathbf{AD}\end{aligned}$$
$$\begin{aligned}|\mathbf{AP}|^2 =\ & |\mathbf{AE}|^2 + \left(\frac{|\mathbf{AE}|(\cos \angle \mathrm{DAE} \cos \angle \mathrm{DAB} - \cos \angle \mathrm{BAE})}{|\mathbf{AB}|(1 - \cos^2 \angle \mathrm{DAB})}\right)^2 \cdot |\mathbf{AB}|^2 \\ & + \left(\frac{|\mathbf{AE}|(\cos \angle \mathrm{BAE} \cos \angle \mathrm{DAB} - \cos \angle \mathrm{DAE})}{|\mathbf{AD}|(1 - \cos^2 \angle \mathrm{DAB})}\right)^2 \cdot |\mathbf{AD}|^2\end{aligned}$$

$$+ 2\left(\frac{|\mathbf{AE}|(\cos\angle\mathrm{DAE}\cos\angle\mathrm{DAB} - \cos\angle\mathrm{BAE})}{|\mathbf{AB}|(1-\cos^2\angle\mathrm{DAB})}\right)(\mathbf{AE}\cdot\mathbf{AB})$$

$$+ 2\left(\frac{|\mathbf{AE}|(\cos\angle\mathrm{DAE}\cos\angle\mathrm{DAB} - \cos\angle\mathrm{BAE})}{|\mathbf{AB}|(1-\cos^2\angle\mathrm{DAB})}\right)$$

$$\times \frac{|\mathbf{AE}|(\cos\angle\mathrm{BAE}\cos\angle\mathrm{DAB} - \cos\angle\mathrm{DAE})}{|\mathbf{AD}|(1-\cos^2\angle\mathrm{DAB})}(\mathbf{AB}\cdot\mathbf{AD})$$

$$+ 2\left(\frac{|\mathbf{AE}|(\cos\angle\mathrm{BAE}\cos\angle\mathrm{DAB} - \cos\angle\mathrm{DAE})}{|\mathbf{AD}|(1-\cos^2\angle\mathrm{DAB})}\right)(\mathbf{AD}\cdot\mathbf{AE})$$

これを整理して

$$|\mathbf{AP}|^2 = |\mathbf{AE}|^2$$
$$\times \frac{1-\cos^2\angle\mathrm{DAE}-\cos^2\angle\mathrm{BAE}-\cos^2\angle\mathrm{DAB}+2\cos\angle\mathrm{DAE}\cos\angle\mathrm{BAE}\cos\angle\mathrm{DAB}}{1-\cos^2\angle\mathrm{DAB}}$$

いま,平行六面体の体積は $(|\mathbf{AB}|\,|\mathbf{AD}|\sin\angle\mathrm{DAB})|\mathbf{AP}|$ で与えられる.よって,平行六面体の体積 V は

$$V = |\mathbf{AB}|\,|\mathbf{AD}|\,|\mathbf{AE}|(1-\cos^2\angle\mathrm{DAE}-\cos^2\angle\mathrm{BAE}-\cos^2\angle\mathrm{DAB}$$
$$+ 2\cos\angle\mathrm{DAE}\cos\angle\mathrm{BAE}\cos\angle\mathrm{DAB})^{1/2} \tag{8}$$

で与えられる.

この平行六面体の体積の式を用いて各結晶系の単位格子の体積を求めるとき,平行六面体の辺の長さと辺との角度を格子定数と対応させると

$$|\mathbf{AB}|=a,\quad |\mathbf{AD}|=b,\quad |\mathbf{AE}|=c,\quad \angle\mathrm{DAE}=\alpha,\quad \angle\mathrm{BAE}=\beta,\quad \angle\mathrm{DAB}=\gamma$$

となる.この関係を式 (8) に入れて各結晶系の単位格子の体積 V を求めると

立方晶では,$a=b=c$, $\alpha=\beta=\gamma=90°$ であるので,$V=a^3$
正方晶では,$a=b\ne c$, $\alpha=\beta=\gamma=90°$ であるので,$V=a^2c$
斜方晶では,$a\ne b\ne c$, $\alpha=\beta=\gamma=90°$ であるので,$V=abc$
六方晶では,$a=b\ne c$, $\alpha=\beta=90°$, $\gamma=120°$ であるので,
$$V=a^2c\sin 120°=0.866a^2c$$
三方晶では,$a=b=c$, $\alpha=\beta=\gamma\ne 90°$ であるので,$V=a^3(1-3\cos^2\alpha+2\cos^3\alpha)^{1/2}$
単斜晶では,$a\ne b\ne c$, $\alpha=\gamma=90°$, $\beta\ne 90°$ であるので,$V=abc\sin\beta$
三斜晶では,$a\ne b\ne c$, $\alpha\ne\beta\ne\gamma$ であるので,
$$V=abc(1-\cos^2\alpha-\cos^2\beta-\cos^2\gamma+2\cos\alpha\cos\beta\cos\gamma)^{1/2}$$

■**15**■ (a) 有効電荷 +2 の酸素空孔, (b) 格子間位置の酸素イオン,
(c) 格子間位置の 1 価の陽イオン, (d) 有効電荷 −1 の陽イオン(金属)空孔,
(e) 正規格子位置の陽イオン

■**16**■ ショットキー型欠陥は,陽イオン空孔と陰イオン空孔との対からなるので,$V'_\mathrm{M} - V^{\bullet}_\mathrm{X}$,

フレンケル型欠陥は，空孔と格子間イオン空孔との対からなるので，$V'_M - M^{\bullet}_i$ あるいは $V^{\bullet}_X - X'_i$ となる．

17 $\dfrac{O}{M} = 2 + x = \dfrac{(格子の酸素サイトの全数) + (格子間位置の酸素の数)}{(格子の金属サイトの全数)}$

また

$$(格子の酸素サイトの全数) = 2 \times (格子の金属サイトの全数)$$

の関係がある．いま

$$[O''_i] = \dfrac{(格子間位置の酸素の数)}{(格子の酸素サイトの全数)}$$

に上の関係を用いると，$[O''_i] = x/2$ となる．

18 酸素不足型酸化物 $M_{1-x}O$ においても問題 17 と同様にして，有効電荷 -2 の陽イオンの空孔濃度 $[V''_M]$（サイト分率）は x で与えられる．したがって，マンガン空孔のサイト分率は，$1 - 0.94 = 0.06$ となる．

19 1価の強酸 HA の水溶液中の $[H_3O^+]$ を求める場合，水溶液中の $[H_3O^+]$ は，水と AH の両方の解離によって水溶液中に存在する $[OH^-]$ と $[A^-]$ の合計に等しくなければならない．

$$[H_3O^+] = [OH^-] + [A^-]$$

$$[H_3O^+][OH^-] = K_w$$

上の 2 つの式より $[OH^-]$ を消去して得られる，$[H_3O^+]$ に関する二次方程式

$$[H_3O^+]^2 - [A^-][H_3O^+] - K_w = 0$$

を解くことにより水素イオン濃度を求めることができる．いま，$[A^-] = 1.00 \times 10^{-8}$，$K_w = 1.00 \times 10^{-14}$ を代入して

$$[H_3O^+] = 1.05 \times 10^{-7}$$

が求まる．

$$pH = -\log_{10}[H_3O^+] = -\log_{10}(1.05 \times 10^{-7}) = 6.98$$

よって，$pH = 6.98$ となる．

20 CO_2 の溶解度は，ヘンリー (Henry) の法則（溶解度の小さい気体では，気体の液体への溶解度は，温度が一定ならば，その気体の圧力（混合気体の場合は分圧）に比例する）に従うとする．いま，CO_2 の分圧は $1.0 \times 381.2 \times 10^{-6}$ (atm) であるので，空気が水に溶けたときの CO_2 の濃度 $[CO_2]$ は

$$[CO_2] = 3.4 \times 10^{-2} \times 1.0 \times 381.2 \times 10^{-6} = 1.3 \times 10^{-5} \text{ (mol } l^{-1})$$

となる．炭酸の酸解離定数 K_{a1} は

$$K_{a1} = \dfrac{[HCO_3^-][H_3O^+]}{[CO_2]}$$

で与えられる．いま，酸性溶液なので $[OH^-]$ は小さいから，$[HCO_3^-] = [H_3O^+]$ とおくことができる．したがって

$$K_{a1} = \frac{[HCO_3^-][H_3O^+]}{[CO_2]} = \frac{[H_3O^+]^2}{[CO_2]} = 4.5 \times 10^{-7}$$

この式に $[CO_2] = 1.3 \times 10^{-5}$ を代入して $[H_3O^+]$ を求めると

$$[H_3O^+] = (5.9 \times 10^{-12})^{1/2} = 2.4 \times 10^{-6}$$

よって，pH は

$$\mathrm{pH} = -\log_{10}[H_3O^+] = 5.6$$

と計算される．

21 緩衝作用を示すこのような溶液を緩衝液という．弱酸とその塩からなる緩衝液中の $[H_3O^+]$ は K_a と，比 $C_0/{C'}_0$ で決まるため，緩衝液を水で薄めても，緩衝中の水素イオン（オキソニウムイオン）濃度は変わらない．また，緩衝溶液には，少量の酸や塩基を加えても，その水素イオン濃度を一定に保つ性質がある．弱塩基とその塩の混合水溶液も緩衝作用を示す．一例としては，アンモニア NH_3 と塩化アンモニウム NH_4Cl の混合水溶液がある．

22 (a) $K_a = \dfrac{[H_3O^+][F^-]}{[HF]} = \dfrac{(1.7 \times 10^{-3})^2}{(1.0 \times 10^{-2}) - (1.7 \times 10^{-3})} = 3.5 \times 10^{-4}$

(b) 物質のバランス：HCl は 100％ 解離するものとして

$$[HF]_\text{total} = [HF] + [F^-], \quad [HCl]_\text{total} = [Cl^-]$$

電荷のバランス：

$$[H_3O^+] = [F^-] + [Cl^-] + [OH^-]$$

HF の酸解離定数を $K_a(HF)$ とすると

$$K_a(HF) = \frac{[H_3O^+][F^-]}{[HF]}$$

第 1 次近似として，$[OH^-]$ を省略して考えると，上の 3 つの式は

$$[H_3O^+] = [HCl]_\text{total} + \frac{[HF]_\text{total}}{1 + \dfrac{[H_3O^+]}{K_a(HF)}}$$

となる．$[HF]_\text{total} = 1.0 \times 10^{-2}$，$[HCl]_\text{total} = 1.0 \times 10^{-4}$，(1) の答より $K_a(HF) = 3.5 \times 10^{-4}$．これらを上の式に代入して，$[H_3O^+]$ に関する二次方程式を解くと

$$[H_3O^+] = 1.8 \times 10^{-3} \,(\mathrm{mol}\, l^{-1})$$

となる．この場合，$[OH^-]$ は $5.6 \times 10^{-12} \,(\mathrm{mol}\, l^{-1})$ となるので，$[OH^-]$ を省略して差し支えがないことが分かる．

(c) KF は 100％ 解離するものとして，HF の解離が，KF と共存することで妨げられる

ので，$[F^-] = [KF]_{total}$ とみなしてよい．したがって

$$[HF] = [HF]_{total}$$

HF の酸解離定数を $K_a(HF)$ とすると

$$K_a(HF) = \frac{[H_3O^+][F^-]}{[HF]} = \frac{[H_3O^+][KF]_{total}}{[HF]_{total}}$$

これより

$$[H_3O^+] = \frac{K_a[HF]_{total}}{[KF]_{total}} = \frac{3.5 \times 10^{-4} \times 1.0 \times 10^{-2}}{2.0 \times 10^{-2}} = 1.8 \times 10^{-4} \, (\text{mol} \, l^{-1})$$

となる．

23 フッ化アンモニウムは弱酸と弱塩基からなる塩である．フッ化アンモニウムは水中で完全に解離するので

$$\text{物質のバランス：} \quad [NH_4^+]_{total} = [NH_4^+] + [NH_3] \tag{1}$$

$$[F^-]_{total} = [HF] + [F^-] \tag{2}$$

$$\text{電荷のバランス：} \quad [NH_4^+] + [H_3O^+] = [F^-] + [OH^-] \tag{3}$$

HF の酸解離定数，アンモニアの塩基解離定数を，それぞれ K_a, K_b とすると

$$K_a = \frac{[H_3O^+][F^-]}{[HF]}, \quad K_b = \frac{[NH_4^+][OH^-]}{[NH_3]}, \quad [NH_4^+]_{total} = [F^-]_{total} = 0.20$$

式 (1) より

$$0.20 = [NH_4^+]\left(1 + \frac{[OH^-]}{K_b}\right) \tag{4}$$

式 (2) より

$$0.20 = [F^-]\left(1 + \frac{[H_3O^+]}{K_a}\right) \tag{5}$$

式 (4), (5) を式 (3) に代入すると

$$\frac{0.20}{1 + ([OH^-]/K_b)} + [H_3O^+] = \frac{0.20}{1 + ([H_3O^+]/K_a)} + [OH^-]$$

いま，$[H_3O^+][OH^-] = K_w$ より

$$\frac{K_b(0.20 + [H_3O^+]) + K_w}{K_b + [OH^-]} = \frac{K_a(0.20 + [OH^-]) + K_w}{K_a + [H_3O^+]}$$

ここで，$K_b(0.20 + [H_3O^+]) \gg K_w, K_a(0.20 + [OH^-]) \gg K_w$ と考えられるので

$$\frac{K_b}{K_b + [OH^-]} = \frac{K_a}{K_a + [H_3O^+]}$$

したがって

$$K_b[H_3O^+] = K_a[OH^-] = \frac{K_aK_w}{[H_3O^+]}$$

これより
$$[H_3O^+] = \left(\frac{K_a K_w}{K_b}\right)^{1/2}$$

K_a, K_b, K_w にそれぞれ値を代入すると

$$[H_3O^+] = 4.4 \times 10^{-7}\ (\mathrm{mol}\,l^{-1})$$

となる．よって，pH は 6.4．

塩化アンモニウムは強酸と弱塩基からなる塩である．

物質のバランス： $[NH_4^+]_{\mathrm{total}} = [NH_4^+] + [NH_3]$ (6)

電荷のバランス： $[NH_4^+] + [H_3O^+] = [Cl^-] + [OH^-]$ (7)

$K_b = [NH_4^+][OH^-]/[NH_3]$, $[NH_4^+]_{\mathrm{total}} = [Cl^-] = 0.20$ であるので，式 (6) より

$$0.20 = [NH_4^+]\left(1 + \frac{[OH^-]}{K_b}\right) \tag{8}$$

式 (8) を式 (7) に代入し，$[H_3O^+][OH^-] = K_w$ より

$$\frac{0.20}{1 + ([OH^-]/K_b)} + [H_3O^+] = 0.20 + [OH^-]$$

$$\frac{K_b(0.2 + [H_3O^+]) + K_w}{K_b + [OH^-]} = 0.20 + [OH^-]$$

$$K_b(0.20 + [H_3O^+]) + K_w = (0.20 + [OH^-])(K_b + [OH^-])$$

ここで，$K_b(0.20 + [H^+]) \gg K_w$, $0.20 \gg [OH^-]$ と考えられるので

$$K_b(0.20 + [H_3O^+]) = 0.20(K_b + [OH^-])$$

$$K_b[H_3O^+] = 0.20[OH^-] = 0.20 K_w/[H_3O^+]$$

これより

$$[H_3O^+] = \left(\frac{0.20 K_w}{K_b}\right)^{1/2}$$

K_b, K_w にそれぞれ値を代入すると

$$[H_3O^+] = 1.1 \times 10^{-5}\ (\mathrm{mol}\,l^{-1})$$

となる．よって，pH は 5.0．

24 (a) 安息香酸は水溶液では

$$C_6H_5COOH + H_2O \rightleftharpoons C_6H_5COO^- + H_3O^+$$

いま，弱酸とその塩の混合水溶液中の水素イオン濃度 $[H_3O^+]$ は，次式で与えられる（第 4 章参照）．

$$[H_3O^+] = \frac{K_a C_0}{C'_0}$$

上の式に，それぞれの値を代入すると

$$[H_3O^+] = (6.46 \times 10^{-5}) \times \frac{0.200}{0.200} = 6.46 \times 10^{-5}$$

よって，pH は 4.19 となる．

(b) HCl を加えた後の C_6H_5COOH の濃度 (mol l^{-1}) は 0.250 ($= 0.200 + 0.0500$)，$C_6H_5COO^-$ の濃度 (mol l^{-1}) は 0.150 ($= 0.200 - 0.0500$) である．したがって，溶液の水素イオン濃度 $[H_3O^+]$ は

$$[H_3O^+] = \frac{K_a C_0}{C'_0} = \frac{(6.46 \times 10^{-5}) \times 0.250}{0.1500} = 1.08 \times 10^{-4}$$

よって，pH は 3.97 となる．

(c) NaOH を加えた後の C_6H_5COOH の濃度 (mol l^{-1}) は 0.150 ($= 0.200 - 0.0500$)，$C_6H_5COO^-$ の濃度 (mol l^{-1}) は 0.250 ($= 0.200 + 0.0500$)．したがって，$[H_3O^+]$ は

$$[H_3O^+] = \frac{K_a C_0}{C'_0} = \frac{(6.46 \times 10^{-5}) \times 0.150}{0.2500} = 3.88 \times 10^{-5}$$

よって，pH は 4.41 となる．

25 2 価の酸 H_2A の解離は

$$H_2A + H_2O \rightleftharpoons H_3O^+ + HA^- \quad K_{a1} = [H_3O^+][HA^-]/[H_2A]$$

$$HA^- + H_2O \rightleftharpoons H_3O^+ + A^{2-} \quad K_{a2} = [H_3O^+][A^{2-}]/[HA^-]$$

物質のバランス： $C_a = [H_2A] + [HA^-] + [A^{2-}]$ (1)

電荷のバランス： $[H_3O^+] = [HA^-] + 2[A^{2-}] + [OH^-]$ (2)

式 (1) を $K_{a1}, K_{a2}, [HA^-]$ を使って表すと

$$C_a = \frac{[H_3O^+][HA^-]}{K_{a1}} + [HA^-] + \frac{K_{a2}[HA^-]}{[H_3O^+]} \tag{3}$$

式 (2) を $K_w, K_{a2}, [HA^-]$ を使って表すと

$$[H_3O^+] = [HA^-] + \frac{2K_{a2}[HA^-]}{[H_3O^+]} + \frac{K_w}{[H_3O^+]} \tag{4}$$

式 (3), (4) から $[HA^-]$ を消去すると

$$[H_3O^+]^4 + K_{a1}[H_3O^+]^3 + (K_{a1}K_{a2} - K_w - K_{a1}C_a)[H_3O^+]^2$$
$$- (K_{a1}K_w + 2K_{a1}K_{a2}C_a)[H_3O^+] - K_{a1}K_{a2}K_w$$
$$= 0$$

が得られる．

一方，2 価の塩基については

$$B + H_2O \rightleftharpoons BH^+ + OH^- \qquad K_{b1} = [BH^+][OH^-]/[B]$$

$$BH^+ + H_2O \rightleftharpoons BH_2^{2+} + OH^- \qquad K_{b2} = [BH_2^{2+}][OH^-]/[BH^+]$$

酸の場合と全く同様に変形すると

$$[OH^-]^4 + K_{b1}[OH^-]^3 + (K_{b1}K_{b2} - K_w - K_{b1}C_b)[OH^-]^2 \\ - (K_{b1}K_w + 2K_{b1}K_{b2}C_b)[OH^-] - K_{b1}K_{b2}K_w \\ = 0$$

が得られる．

26 $NaHCO_3$ 水溶液では

$$HCO_3^- + H_2O \rightleftharpoons H_2CO_3 + OH^- \qquad K_{a1} = [HCO_3^-][H_3O^+]/[H_2CO_3]$$

$$HCO_3^- + H_2O \rightleftharpoons H_3O^+ + CO_3^{2-} \qquad K_{a2} = [H_3O^+][CO_3^{2-}]/[HCO_3^-]$$

とする．

物質のバランス： $C_a = [H_2CO_3] + [HCO_3^-] + [CO_3^{2-}] = [Na^+]$ (1)

電荷のバランス： $[H_3O^+] + [Na^+] = [HCO_3^-] + 2[CO_3^{2-}] + [OH^-]$ (2)

式 (1), (2) を組み合わせると

$$[H_3O^+] + [H_2CO_3] + [HCO_3^-] + [CO_3^{2-}] = [HCO_3^-] + 2[CO_3^{2-}] + [OH^-]$$

これより

$$[H_3O^+] + [H_2CO_3] = [CO_3^{2-}] + [OH^-] \qquad (3)$$

いま

$$[H_2CO_3] = \frac{[HCO_3^-][H_3O^+]}{K_{a1}}, \quad [CO_3^{2-}] = \frac{K_{a2}[HCO_3^-]}{[H_3O^+]}, \quad [OH^-] = \frac{K_w}{[H_3O^+]}$$

より式 (3) は

$$[H_3O^+] + \frac{[HCO_3^-][H_3O^+]}{K_{a1}} = \frac{K_{a2}[HCO_3^-]}{[H_3O^+]} + \frac{K_w}{[H_3O^+]}$$

となる．この式の両辺に $K_{a1}[H_3O^+]$ を掛けて整理すると

$$[H_3O^+]^2 = \frac{K_{a1}K_{a2}[HCO_3^-] + K_{a1}K_w}{K_{a1} + [HCO_3^-]} \qquad (4)$$

が得られる．いま，$K_{a1} \gg K_{a2}$ ならば，HCO_3^- が H_2CO_3 と CO_3^{2-} に変わる割合は小さい．したがって，$[HCO_3^-]$ に C_a を用いてもよいと考えられるので，式 (4) は

$$[H_3O^+]^2 = \frac{K_{a1}K_{a2}C_a + K_{a1}K_w}{K_{a1} + C_a}$$

となる．

また，$C_a \gg K_{a1}$ で，かつ $C_a \gg K_w/K_{a2}$ では $[H_3O^+]^2 = K_{a1}K_{a2}$ となり，$[H_3O^+]$ は C_a に無関係となる．

27 (a) 反応式：$CaF_2(s) \rightleftharpoons Ca^{2+}(aq) + 2F^-(aq)$

CaF_2 の溶解度積：
$$K_{sp} = [Ca^{2+}][F^-]^2 = 3.4 \times 10^{-11}$$

反応式から，$[F^-] = 2[Ca^{2+}]$．よって
$$K_{sp} = [Ca^{2+}][F^-]^2 = [Ca^{2+}](2[Ca^{2+}])^2 = 3.4 \times 10^{-11}$$

これより，$[Ca^{2+}] = 2.0 \times 10^{-4}$ (mol l^{-1})

(b)
$$[Ca^{2+}] = [Ca^{2+}]_F \ (CaF_2 \text{ から}) + [Ca^{2+}]_{NO_3} \ (Ca(NO_3)_2 \text{ から})$$

いま，$[Ca^{2+}]_F \ll [Ca^{2+}]_{NO_3}$，$Ca(NO_3)_2$ は水中で完全に解離するので，$[Ca^{2+}] = 0.10$ と近似できる．したがって
$$K_{sp} = [Ca^{2+}][F^-]^2 = 0.10[F^-]^2 = 3.4 \times 10^{-11}$$

これより
$$[F^-] = 1.84 \times 10^{-5} \text{ (mol } l^{-1})$$

よって，溶解度は $(1/2)[F^-]$ で，9.2×10^{-6} (mol l^{-1}) と計算される．

(c)
$$[F^-] = [F^-]_{Ca} \ (CaF_2 \text{ から}) + [F^-]_{Na} \ (NaF \text{ から})$$

いま，$[F^-]_{Ca} \ll [F^-]_{Na}$，$NaF$ は水中で完全に解離するので，$[F^-] = 0.10$ と近似できる．したがって
$$K_{sp} = [Ca^{2+}][F^-]^2 = [Ca^{2+}] \times (0.10)^2 = 3.4 \times 10^{-11}$$

これより
$$[Ca^+] = 3.4 \times 10^{-9} \text{ (mol } l^{-1})$$

よって，溶解度は，3.4×10^{-9} (mol l^{-1}) と計算される．

28 反応は
$$MgF_2 + 2H^+ \longrightarrow Mg^{2+} + 2HF$$

MgF_2 の溶解度積 $K_{sp}(MgF_2)$ は
$$K_{sp}(MgF_2) = [Mg^{2+}][F^-]^2 = 6.3 \times 10^{-9} \tag{1}$$

HF の酸解離定数 K_a(HF)

$$K_{\mathrm{a}}(\mathrm{HF}) = \frac{[\mathrm{H_3O^+}]\,[\mathrm{F^-}]}{[\mathrm{HF}]} = 3.5 \times 10^{-4} \tag{2}$$

物質のバランスを考えると

$$[\mathrm{Mg^{2+}}] = \frac{[\mathrm{F^-}] + [\mathrm{HF}]}{2} = 0.020 \tag{3}$$

式 (1) と (3) より

$$[\mathrm{F^-}] = \sqrt{\frac{6.3 \times 10^{-9}}{0.020}} = 5.6 \times 10^{-4} \tag{4}$$

式 (3) と (4) より

$$[\mathrm{HF}] = 2 \times 0.020 - 5.6 \times 10^{-4} = 3.9 \times 10^{-2} \tag{5}$$

式 (2), (4), (5) より

$$[\mathrm{H_3O^+}] = \frac{K_{\mathrm{a}}(\mathrm{HF})\,[\mathrm{HF}]}{[\mathrm{F^-}]} = \frac{(3.5 \times 10^{-4}) \times (3.9 \times 10^{-2})}{5.6 \times 10^{-4}} = 2.4 \times 10^{-2}\ (\mathrm{mol}\,l^{-1})$$

29 $\mathrm{AgIO_3}$ の溶解度積 $K_{\mathrm{sp}}(\mathrm{AgIO_3})$ が 3.1×10^{-8}, $\mathrm{Ca(IO_3)_2}$ の溶解度積 $K_{\mathrm{sp}}(\mathrm{Ca(IO_3)_2})$ が 7.1×10^{-7} であるので, 溶液中の $\mathrm{Ag^+}$ と $\mathrm{Ca^{2+}}$ イオンの濃度 $[\mathrm{Ag^+}]$ と $[\mathrm{Ca^{2+}}]$ は, $\mathrm{IO_3^-}$ イオンの濃度 $[\mathrm{IO_3^-}]$ と, それぞれ

$$\log_{10}[\mathrm{Ag^+}] = \log_{10} K_{\mathrm{sp}}(\mathrm{AgIO_3}) - \log_{10}[\mathrm{IO_3^-}] = -7.5 - \log_{10}[\mathrm{IO_3^-}] \tag{1}$$

$$\log_{10}[\mathrm{Ca^{2+}}] = \log_{10} K_{\mathrm{sp}}(\mathrm{Ca(IO_3)_2}) - 2\log_{10}[\mathrm{IO_3^-}] = -6.1 - 2\log_{10}[\mathrm{IO_3^-}] \tag{2}$$

の関係にある. $\mathrm{AgIO_3}$ と $\mathrm{Ca(IO_3)_2}$ が沈殿しはじめるときの $[\mathrm{IO_3^-}]$ を, それぞれについて計算する. 式 (1) を用いて $\mathrm{AgIO_3}$ について求めると, いま, $[\mathrm{Ag^+}] = 1.0 \times 10^{-1}$ であるので

$$\log_{10}[\mathrm{Ag^+}] = \log_{10}(1.0 \times 10^{-1}) = -7.5 - \log_{10}[\mathrm{IO_3^-}]$$

$$\log_{10}[\mathrm{IO_3^-}] = -6.5$$

$\mathrm{Ca(IO_3)_2}$ についても同様に, 式 (2) を用いて

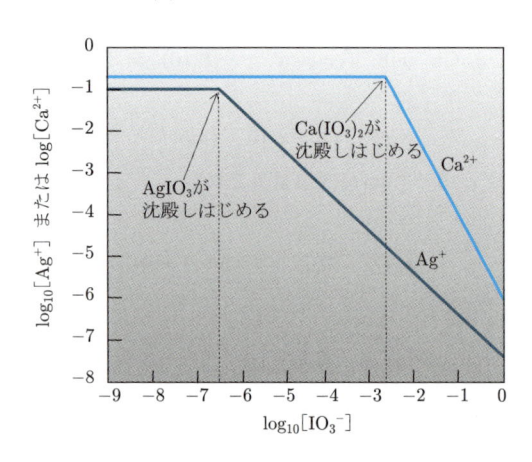

$$\log_{10}[\text{Ca}^{2+}] = \log_{10}(2.0 \times 10^{-1}) = -6.1 - 2\log_{10}[\text{IO}_3]$$
$$\log_{10}[\text{IO}_3^-] = -2.7$$

これらを使って，溶液中の $[\text{Ag}^+]$, $[\text{Ca}^{2+}]$ と $[\text{IO}_3^-]$ との関係をグラフに表すと，以下のようになる．

30 IO_3^- イオンを加えると，まず AgIO_3 が沈殿しはじめる．いま，Ag^+ が定量的に Ca^{2+} から分離されるには，溶液中に残存する Ag^+ 濃度が $10^{-5}\,\text{mol}\,l^{-1}$ 以下であることが必要であるとする．このとき，$\text{Ca}(\text{IO}_3)_2$ は沈殿してはいけない．Ag^+ 濃度が $10^{-5}\,\text{mol}\,l^{-1}$ のときの IO_3^- 濃度 $[\text{IO}_3^-]$ は問題 **29** の式 (1) を使って求めると，$\log[\text{IO}_3^-] = -2.5$ であることがわかる．この値は $\text{Ca}(\text{IO}_3)_2$ が沈殿しはじめる IO_3^- 濃度の対数値 -2.7 に近くて大きいことから，問題 **29** の条件では，Ag^+ イオンと Ca^{2+} イオンを定量的に分離できないことになる．

31 物質のバランス：$C_0 = [\text{CH}_3\text{COOH}] + [\text{CH}_3\text{COO}^-]$

電荷のバランス：$[\text{Na}^+] + [\text{H}_3\text{O}^+] = [\text{CH}_3\text{COO}^-] + [\text{OH}^-]$

$$K_\text{a} = \frac{[\text{CH}_3\text{COO}^-][\text{H}_3\text{O}^+]}{[\text{CH}_3\text{COOH}]}$$

上の 3 つの式より

$$K_\text{a} = \frac{([\text{Na}^+] + [\text{H}_3\text{O}^+] - [\text{OH}^-])[\text{H}_3\text{O}^+]}{C_0 - ([\text{Na}^+] + [\text{H}_3\text{O}^+] - [\text{OH}^-])} \tag{1}$$

滴下した NaOH 量が当量点より少ない場合

$$K_\text{a} = \frac{[\text{H}_3\text{O}^+][\text{Na}^+]}{C_0 - [\text{Na}^+]}$$

よって

$$[\text{H}_3\text{O}^+] = \frac{K_\text{a}(C_0 - [\text{Na}^+])}{[\text{Na}^+]}$$

当量点では，第 4 章問題 4.9 より

$$[\text{OH}^-]^2 = \frac{C_0 K_\text{w}}{K_\text{a}}$$

また

$$[\text{H}_3\text{O}^+][\text{OH}^-] = K_\text{w}$$

よって

$$[\text{H}_3\text{O}^+]^2 = \frac{K_\text{a} K_\text{w}}{C_0}$$

滴下した NaOH 量が当量点より多い場合

$$[\text{OH}^-] = [\text{Na}^+] - [\text{CH}_3\text{COO}^-]$$

いま，$[\text{CH}_3\text{COO}^-] = C_0$ であるので

$$[\text{H}_3\text{O}^+] = \frac{K_\text{w}}{[\text{Na}^+] - C_0}$$

これらより

(a)　$[H_3O^+] = (0.100K_a)^{1/2}$,　　　pH $= 2.88$

(b)　$[H_3O^+] = 4.00K_a$,　　　pH $= 4.15$

(c)　$[H_3O^+] = (2.00/3.00)K_a$,　　　pH $= 4.93$

(d)　$[H_3O^+] = K_aK_w/(5.00/100)$,　　　pH $= 8.73$

(e)　$[H_3O^+] = K_w/(2.00/120)$,　　　pH $= 12.2$

(f)　$[H_3O^+] = K_w/(5.00/150)$,　　　pH $= 12.5$

厳密に解くと NaOH を v ml 滴下するとする. 式 (1) の C_0, $[Na^+]$ および $[OH^-]$ に

$$C_0 = \frac{50 \times 0.10}{50+v}, \quad [Na^+] = \frac{0.10v}{50+v}, \quad [OH^-] = \frac{K_w}{[H_3O^+]}$$

を代入すると

$$K_a = [H_3O^+] \times \frac{\dfrac{0.10v}{50+v} + [H_3O^+] - \dfrac{K_w}{[H_3O^+]}}{\dfrac{50 \times 0.10}{50+v} - \dfrac{0.10v}{50+v} - [H_3O^+] + \dfrac{K_w}{[H_3O^+]}}$$

これを整理して

$$\left\{\frac{[H_3O^+]^2}{K_a} + \frac{0.10[H_3O^+]}{K_a} - \frac{K_w}{K_a} + [H_3O^+] + 0.10 - \frac{K_w}{[H_3O^+]}\right\} \times v$$

$$= 5.0 - \frac{50[H_3O^+]^2}{K_a} + \frac{50K_w}{K_a} - 50[H_3O^+] + \frac{50K_w}{[H_3O^+]} \tag{2}$$

式 (2) は, $[H_3O^+]$ に関して 3 次式となる.

滴定曲線を求めるには, 式 (2) は v に関しては, 一次式であるので, $[H_3O^+]$ すなわち pH を与えて v を求めるとよい.

式 (2) を変形して

$$v = \frac{-\left\{\dfrac{50[H_3O^+]^2}{K_a} + 50[H_3O^+] - \dfrac{50K_w}{[H_3O^+]} - \left(5 + \dfrac{50K_w}{K_a}\right)\right\}}{\dfrac{[H_3O^+]^2}{K_a} + \left(1 + \dfrac{0.10}{K_a}\right)[H_3O^+] - \dfrac{K_w}{[H_3O^+]} + \left(0.10 - \dfrac{K_w}{K_a}\right)}$$

いま, $5 + \dfrac{50K_w}{K_a} \approx 5$, $1 + \dfrac{0.10}{K_a} \approx \dfrac{0.10}{K_a}$, $0.10 - \dfrac{K_w}{K_a} \approx 0.1$

$$v = \frac{-5(10[H_3O^+]^3 + 10K_a[H_3O^+]^2 - K_a[H_3O^+] - 10K_aK_w)}{[H_3O^+]^3 + 0.10[H_3O^+]^2 + 0.10K_a[H_3O^+] - K_aK_w} \tag{3}$$

式 (3) をもとに, 横軸に NaOH 水溶液の滴下量 (ml) すなわち v, 縦軸に pH をとって滴定曲線を描くと, 次の図のようになる.

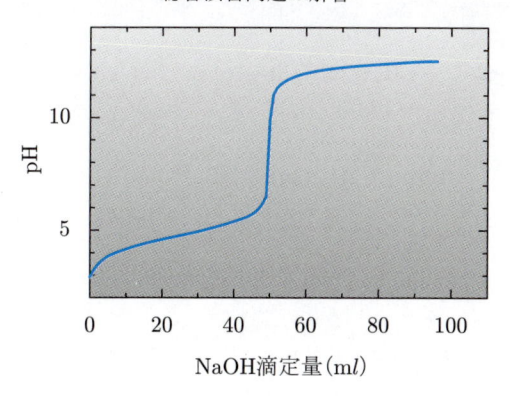

32

(a) 過マンガン酸イオン：$MnO_4^- + 8H^+ + 5e^- \longrightarrow Mn^{2+} + 4H_2O$
二酸化硫黄：$SO_2 + 2H_2O \longrightarrow SO_4^{2-} + 4H^+ + 2e^-$

上の2つの式よりe^-を消去すると

$$2MnO_4^- + 5SO_2 + 2H_2O \longrightarrow 2Mn^{2+} + 5SO_4^{2-} + 4H^+$$

両辺に$2K^+$を加えると，次の反応式になる．

$$2KMnO_4 + 5SO_2 + 2H_2O \longrightarrow 2MnSO_4 + K_2SO_4 + 2H_2SO_4$$

(b) 硫化水素：$H_2S \longrightarrow 2H^+ + S + 2e^-$

二酸化硫黄：$SO_2 + 4H^+ + 4e^- \longrightarrow S + 2H_2O$

上の2つの式よりe^-を消去すると

$$2H_2S + SO_2 \longrightarrow 2H_2O + 3S$$

(c) ヨウ素イオン：$2I^- \longrightarrow I_2 + 2e^-$

過酸化水素：$H_2O_2 + 2H^+ + 2e^- \longrightarrow 2H_2O$

上の2つの式よりe^-を消去すると

$$2I^- + H_2O_2 + 2H^+ \longrightarrow I_2 + 2H_2O$$

両辺に$2K^+$, $2OH^-$を加えて$2H_2O$を消去すると，次の反応式になる．

$$2KI + H_2O_2 \longrightarrow I_2 + 2KOH$$

33

(a) $2H^+(aq) + 2e^- \longrightarrow H_2(g)$ $0.0\,V$
$Pb^{2+}(aq) + 2e^- \longrightarrow Pb(s)$ $-0.126\,V$

$2H^+(aq) + 2e^- \longrightarrow H_2(g)$の電位が大きいので，この還元反応が起こり，$Pb^{2+}$は酸化される．反応は右側に進行する．

【別解】

反応：$2H^+\,(aq) + 2e^- \longrightarrow H_2\,(g)$ の自由エネルギー ΔG_1
反応：$Pb^{2+}\,(aq) + 2e^- \longrightarrow Pb\,(s)$ の自由エネルギー ΔG_2
与えられた反応：
$$Pb\,(s) + 2H^+\,(aq) \longrightarrow Pb^{2+}\,(aq) + H_2$$
の自由エネルギーを ΔG_3 とすると，各自由エネルギーの関係は
$$\Delta G_3 = \Delta G_1 - \Delta G_2$$
いま
$$\Delta G_1 = -2 \times F \times 0 = 0 \quad (F はファラデー定数)$$
$$\Delta G_2 = -2 \times F \times (-0.126) = 0.252F$$
であるので
$$\Delta G_3 = \Delta G_1 - \Delta G_2 = -0.252F$$
ΔG_3 の値が負であるので，与えられた反応は右側へ進行する．

(b) ネルンストの式より
$$\varepsilon = \varepsilon^0 - \left(\frac{0.059}{2}\right)\log_{10}\left(\frac{P_{H_2} \times [Pb^{2+}]}{[H^+]^2}\right)$$
上式に $\varepsilon^0 = 0.126$, $[H^+] = 10^{-2}$, $[Pb^{2+}] = 0.10$, $P_{H_2} = 0.10$ をそれぞれ代入すると
$$\varepsilon = 0.067\,\text{V}$$
正の値であるので，反応は進行する．

(c) 上のネルンストの式に $\varepsilon^0 = 0.126$, $[H^+] = 10^{-4}$, $[Pb^{2+}] = 0.10$, $P_{H_2} = 0.10$ をそれぞれ代入すると
$$\varepsilon = -0.051\,\text{V}$$
負の値であるので，反応は進行しない．

34 Ag, AgCl | Cl$^-$ の電極反応は，金属-金属イオン電極反応
$$Ag^+ + e^- \rightleftarrows Ag$$
と溶解平衡
$$AgCl \rightleftarrows Ag^+ + Cl^-$$
が組み合わさったものである．

Ag, AgCl | Cl$^-$ の標準電極電位を $\varepsilon^0\,(V)$ とすると
$$-1 \times F \times \varepsilon^0 = (-1 \times F \times 0.799) + (-1 \times F \times 0.059\log_{10} 1.80 \times 10^{-10})$$
$$\varepsilon^0 = 0.799 + 0.059\log_{10} 1.80 \times 10^{-10} = 0.799 - 0.575 = +0.224\,(V)$$

次に，Ag, AgCl | Cl$^-$ (0.200 mol l^{-1}) の 25°C での電極電位 ε (V) とすると

$$\varepsilon = \varepsilon^0 - 0.059 \log_{10}(0.200/1) = 0.224 + 0.041 = 0.265 \,(\text{V})$$

35 $\quad \text{Cu}^{2+} + 2\text{e}^- \rightleftarrows \text{Cu} \qquad \varepsilon^0 = +0.340 \,\text{V}$

平衡定数 K とすると

$$\varepsilon = \varepsilon^0 - \frac{0.0591}{n} \log_{10} K$$

いま，$n = 2, \varepsilon = 0.240, \varepsilon^0 = 0.340$ であるので

$$\log_{10} K = \log_{10} \frac{1}{[\text{Cu}^{2+}]} = \frac{-2 \times (0.240 - 0.340)}{0.0591} = 3.38$$

したがって

$$[\text{Cu}^{2+}] = 10^{-3.38} = 4.17 \times 10^{-4} \,(\text{mol}\,l^{-1})$$

36 $\quad \text{MnO}_4{}^{2-}/\text{MnO}_2$ 対の電極反応は

$$\text{MnO}_4{}^{2-} + 4\text{H}^+ + 2\text{e}^- \rightleftarrows \text{MnO}_2 + 2\text{H}_2\text{O}$$

$\text{MnO}_4{}^-/\text{MnO}_2$ 対の電極反応は

$$\text{MnO}_4{}^- + 4\text{H}^+ + 3\text{e}^- \rightleftarrows \text{MnO}_2 + 2\text{H}_2\text{O}$$

$\text{MnO}_4{}^-/\text{MnO}_4{}^{2-}$ 対の電極反応は

$$\text{MnO}_4{}^- + \text{e}^- \rightleftarrows \text{MnO}_4{}^{2-}$$

いま，(a) の電位を ε_a とすると

$\text{MnO}_4{}^{2-} \longrightarrow \text{MnO}_2$ の自由エネルギー変化 $\quad \Delta G_1 = -2 \times F \times \varepsilon_a$
$\text{MnO}_4{}^- \longrightarrow \text{MnO}_2$ の自由エネルギー変化 $\quad \Delta G_2 = -3 \times F \times 1.7$
$\text{MnO}_4{}^- \longrightarrow \text{MnO}_4{}^{2-}$ の自由エネルギー変化 $\quad \Delta G_3 = -1 \times F \times 0.6$

いま，$\Delta G_1 = \Delta G_2 - \Delta G_3$ より，

$$-2 \times F \times \varepsilon_a = (-3 \times F \times 1.7) - (-1 \times F \times 0.6)$$

よって，$\varepsilon_a = 2.25 \,(\text{V})$, (a) $= 2.25 \,\text{V}$

$\text{MnO}_2/\text{Mn}^{2+}$ 対の電極反応は

$$\text{MnO}_2 + 4\text{H}^+ + 2\text{e}^- \rightleftarrows \text{Mn}^{2+} + 2\text{H}_2\text{O}$$

$\text{MnO}_2/\text{Mn}^{3+}$ 対の電極反応は

$$\text{MnO}_2 + 4\text{H}^+ + \text{e}^- \rightleftarrows \text{Mn}^{3+} + 2\text{H}_2\text{O}$$

$\text{Mn}^{3+}/\text{Mn}^{2+}$ 対の電極反応は

$$\text{Mn}^{3+} + \text{e}^- \longrightarrow \text{Mn}^{2+}$$

(b) の電位を ε_b とすると

$MnO_2 \longrightarrow Mn^{2+}$ の自由エネルギー変化　$\Delta G_1 = -2 \times F \times \varepsilon_b$
$MnO_2 \longrightarrow Mn^{3+}$ の自由エネルギー変化　$\Delta G_2 = -1 \times F \times 1.0$
$Mn^{3+} \longrightarrow Mn^{2+}$ の自由エネルギー変化　$\Delta G_3 = -1 \times F \times 1.5$

いま，$\Delta G_1 = \Delta G_2 + \Delta G_3$ より

$$-2 \times F \times \varepsilon_b = (-1 \times F \times 1.0) + (-1 \times F \times 1.5)$$

よって，$\varepsilon_b = 1.25\,(\mathrm{V})$,　(b) $= 1.25\,\mathrm{V}$

MnO_4^-/Mn^{2+} 対の電極反応は

$$MnO_4^- + 8H^+ + 5e^- \rightleftarrows Mn^{2+} + 2H_2O$$

MnO_4^-/MnO_2 対の電極反応は

$$MnO_4^- + 4H^+ + 3e^- \rightleftarrows MnO_2 + 2H_2O$$

MnO_2/Mn^{2+} 対の電極反応は

$$MnO_2 + 4H^+ + 2e^- \rightleftarrows Mn^{2+} + 2H_2O$$

(c) の電位を ε_c とすると

$MnO_4^- \longrightarrow Mn^{2+}$ の自由エネルギー変化　$\Delta G_1 = -5 \times F \times \varepsilon_c$
$MnO_4^- \longrightarrow MnO_2$ の自由エネルギー変化　$\Delta G_2 = -3 \times F \times 1.7$
$MnO_2 \longrightarrow Mn^{2+}$ の自由エネルギー変化　$\Delta G_3 = -2 \times F \times \varepsilon_b = -2 \times F \times 1.25$

いま，$\Delta G_1 = \Delta G_2 + \Delta G_3$ より

$$-5 \times F \times \varepsilon_c = (-3 \times F \times 1.7) + (-2 \times F \times 1.25)$$

よって，$\varepsilon_c = 1.52\,(\mathrm{V})$,　(c) $= 1.52\,\mathrm{V}$

37　Fe^{3+} イオンを含む溶液に鉄粉末を加えたときに起こると考えられる反応は

$$2Fe^{3+} + Fe \longrightarrow 3Fe^{2+} \tag{1}$$

反応 (1) の平衡定数 $K(\mathrm{Fe})$ を，ネルンストの式を用いて求めると

$$\log_{10} K(\mathrm{Fe}) = \log_{10}\left(\frac{[Fe^{2+}]^3}{[Fe^{3+}]^2}\right) = \frac{2}{0.0591} \times \{0.771 - (-0.440)\} = 41.0$$

よって

$$K(\mathrm{Fe}) = 1.00 \times 10^{41}$$

となり，反応 (1) はほとんど完全に右側に進行すると考えてよい．
　また，Fe^{3+} イオンを含む溶液にニッケル粉末を加えたときに起こると考えられる反応は

$$2Fe^{3+} + Ni \longrightarrow 2Fe^{2+} + Ni^{2+} \tag{2}$$

反応 (2) の平衡定数 K を，上の場合と同様にして求めると

$$\log_{10} K = \log_{10}\left(\frac{[Fe^{2+}]^2 [Ni^{2+}]}{[Fe^{3+}]^2}\right) = \frac{2}{0.0591} \times \{0.771 - (-0.250)\} = 34.6$$

$$K = 3.98 \times 10^{34}$$

となり，この場合も反応はほとんど完全に右側に進行すると考えてよい．

したがって，平衡に達したあとの溶液中の Fe^{2+} イオン濃度は最初の Fe^{3+} イオンの濃度に等しく，Ni^{2+} イオンの濃度は最初の Fe^{3+} イオンの濃度の $(1/2)$ と考えられるので，残存する Fe^{3+} イオンの濃度 $[Fe^{3+}]$ は

$$[Fe^{3+}] = \sqrt{\frac{(0.100)^2 \times \frac{0.100}{2}}{3.98 \times 10^{34}}} = 1.12 \times 10^{-19} \ (\mathrm{mol}\, l^{-1})$$

38 まず，反応 $Cu^{2+} + Cl^- + e^- \longrightarrow CuCl$ について標準還元電極電位を求める．Cu^{2+}/Cu^+ 対の還元電極電位 $\varepsilon(Cu^{2+}/Cu^+)$ は，Cu^{2+}/Cu^+ 対の標準還元電極電位 $\varepsilon^0(Cu^{2+}/Cu^+)$ が電位図より $+0.159\,\mathrm{V}$ であるので

$$\varepsilon(Cu^{2+}/Cu^+) = 0.159 - 0.0591 \log_{10}\left(\frac{[Cu^+]}{[Cu^{2+}]}\right) \tag{1}$$

また，塩化銅の溶解度積 $K_{\mathrm{sp}}(CuCl)$ が 5.68×10^{-6} であるので

$$[Cu^+] = \frac{K_{\mathrm{sp}}(CuCl)}{[Cl^-]} = \frac{5.68 \times 10^{-6}}{[Cl^-]} \tag{2}$$

式 (2) を式 (1) に代入して

$$\varepsilon(Cu^{2+}/Cu^+) = 0.159 - 0.0591 \log_{10}\left(\frac{5.68 \times 10^{-6}/[Cl^-]}{[Cu^{2+}]}\right)$$

$$= (0.159 + 0.310) - 0.0591 \log_{10}\left(\frac{1}{[Cl^-][Cu^{2+}]}\right)$$

$$= 0.469 - 0.0591 \log_{10}\left(\frac{1}{[Cl^-][Cu^{2+}]}\right) \tag{3}$$

反応 $Cu^{2+} + Cl^- + e^- \longrightarrow CuCl$ でつくられる電極の標準還元電位を $\varepsilon^0(Cu^{2+}/CuCl)$ とすると，電極電位 $\varepsilon(Cu^{2+}/CuCl)$ は

$$\varepsilon(Cu^{2+}/CuCl) = \varepsilon^0(Cu^{2+}/CuCl) - 0.0591 \log_{10}\left(\frac{1}{[Cl^-][Cu^{2+}]}\right) \tag{4}$$

式 (3) と (4) を比較して，求める標準還元電位は $0.469\,\mathrm{V}$ となる．

反応の $CuCl + e^- \longrightarrow Cu + Cl^-$ の場合の標準還元電位も同様にして求めることができる．Cu^+/Cu 対の還元電極電位 $\varepsilon(Cu^+/Cu)$ は，Cu^+/Cu 対の標準還元電極電位 $\varepsilon^0(Cu^+/Cu)$

が +0.521 V であるので

$$\varepsilon(\mathrm{Cu^+/Cu}) = 0.521 - 0.0591 \log_{10}\left(\frac{1}{[\mathrm{Cu^+}]}\right) \tag{5}$$

式 (2) を，式 (5) に代入して

$$\begin{aligned}\varepsilon(\mathrm{Cu^+/Cu}) &= 0.521 - 0.0591 \log_{10}\left(\frac{[\mathrm{Cl^-}]}{5.68 \times 10^{-6}}\right) \\ &= 0.211 - 0.0591 \log_{10}[\mathrm{Cl^-}]\end{aligned}$$

反応 $\mathrm{CuCl + e^- \longrightarrow Cu + Cl^-}$ でつくられる電極の標準還元電位を $\varepsilon^0(\mathrm{CuCl/Cu})$ とすると，電極電位 $\varepsilon(\mathrm{CuCl/Cu})$ は

$$\varepsilon(\mathrm{CuCl/Cu}) = \varepsilon^0(\mathrm{CuCl/Cu}) - 0.0591 \log_{10}[\mathrm{Cl^-}]$$

したがって，反応 $\mathrm{CuCl + e^- \longrightarrow Cu + Cl^-}$ でつくられる電極の標準還元電位は，0.211 V となる．

銅 (I) イオンの安定性については，まず電位図より，$\mathrm{Cu^+/Cu}$ 対の標準還元電極電位 (0.521 V) が $\mathrm{Cu^{2+}/Cu^+}$ 対の標準還元電極電位 (0.159 V) より高いので，水溶液中では，銅 (I) イオンは不安定であることが分かる．一方，塩化物イオン $\mathrm{Cl^-}$ を含む系では，$\mathrm{Cu^{2+}/CuCl}$ 対の標準還元電極電位 (0.469 V) が $\mathrm{CuCl/Cu}$ 対の標準還元電極電位 (0.211 V) より高いので，CuCl が最も安定種となる．

39 この滴定では次の反応が起こる．

$$2\mathrm{Ti^{2+}} + \mathrm{Sn^{4+}} \longrightarrow 2\mathrm{Ti^{3+}} + \mathrm{Sn^{2+}}$$

反応

$$\mathrm{Ti^{3+}} + \mathrm{e^-} \longrightarrow \mathrm{Ti^{2+}}, \quad \mathrm{Sn^{4+}} + 2\mathrm{e^-} \longrightarrow \mathrm{Sn^{2+}}$$

の電極電位をそれぞれ $\varepsilon_{\mathrm{Ti}}$, $\varepsilon_{\mathrm{Sn}}$ とすると，ネルンストの式より

$$\varepsilon_{\mathrm{Ti}} = \varepsilon_{\mathrm{Ti}}^0 - 0.0591 \log_{10}\left(\frac{[\mathrm{Ti^{2+}}]}{[\mathrm{Ti^{3+}}]}\right) \tag{1}$$

$$\varepsilon_{\mathrm{Sn}} = \varepsilon_{\mathrm{Sn}}^0 - \frac{0.0591}{2}\log_{10}\left(\frac{[\mathrm{Sn^{2+}}]}{[\mathrm{Sn^{4+}}]}\right) \tag{2}$$

となる．当量点では，$2[\mathrm{Sn^{4+}}] = [\mathrm{Ti^{2+}}]$, $2[\mathrm{Sn^{2+}}] = [\mathrm{Ti^{3+}}]$, $\varepsilon_{\mathrm{Ti}} = \varepsilon_{\mathrm{Sn}} = \varepsilon$ であるので，式 (1) は

$$\varepsilon = \varepsilon_{\mathrm{Ti}}^0 - 0.0591 \log_{10}\left(\frac{[\mathrm{Ti^{2+}}]}{[\mathrm{Ti^{3+}}]}\right) \tag{3}$$

式 (2) は

$$\varepsilon = \varepsilon_{\text{Sn}}^0 - \frac{0.0591}{2} \log_{10}\left(\frac{[\text{Ti}^{3+}]}{[\text{Ti}^{2+}]}\right)$$

$$= \varepsilon_{\text{Sn}}^0 + \frac{0.0591}{2} \log_{10}\left(\frac{[\text{Ti}^{2+}]}{[\text{Ti}^{3+}]}\right) \quad (4)$$

式 (3), (4) より $\log_{10}([\text{Ti}^{2+}]/[\text{Ti}^{3+}])$ を消去すると

$$3\varepsilon = \varepsilon_{\text{Ti}}^0 + 2\varepsilon_{\text{Sn}}^0$$

が得られる．したがって，当量点での起電力 ε は

$$\varepsilon = \frac{-0.370 + 2 \times 0.150}{3} = -0.023\,(\text{V})$$

となる．

40 (a) $\text{Fe}^{3+}/\text{Fe}^{2+}$ 対の電極反応は

$$\text{Fe}^{3+} + \text{e}^- \longrightarrow \text{Fe}^{2+}$$

$\text{MnO}_4^-/\text{Mn}^{2+}$ 対の電極反応は

$$\text{MnO}_4^- + 8\text{H}^+ + 5\text{e}^- \longrightarrow \text{Mn}^{2+}$$

MnO_4^- が強い酸化剤であることを考慮して，上の2つの電極反応より e^- を消去すると，滴定での反応が得られる．

$$5\text{Fe}^{2+} + \text{MnO}_4^- + 8\text{H}^+ \longrightarrow 5\text{Fe}^{3+} + \text{Mn}^{2+} + 4\text{H}_2\text{O}$$

(b) 反応

$$\text{Fe}^{3+} + \text{e}^- \longrightarrow \text{Fe}^{2+}, \quad \text{MnO}_4^- + 8\text{H}^+ + 5\text{e}^- \longrightarrow \text{Mn}^{2+} + 4\text{H}_2\text{O}$$

の標準還元電極電位がそれぞれ $\varepsilon_{\text{Fe}}^0$, $\varepsilon_{\text{Mn}}^0$ であるので，ネルンストの式よりそれぞれの反応の電極電位 ε_{Fe}, ε_{Mn} は，次のようになる．

$$\varepsilon_{\text{Fe}} = \varepsilon_{\text{Fe}}^0 - 0.0591 \log_{10}\left(\frac{[\text{Fe}^{2+}]}{[\text{Fe}^{3+}]}\right) \quad (1)$$

$$\varepsilon_{\text{Mn}} = \varepsilon_{\text{Mn}}^0 - \frac{0.0591}{5} \log_{10}\left(\frac{[\text{Mn}^{2+}]}{[\text{MnO}_4^-][\text{H}^+]^8}\right) \quad (2)$$

当量点では，

$$5[\text{MnO}_4^-] = [\text{Fe}^{2+}], \quad 5[\text{Mn}^{2+}] = [\text{Fe}^{3+}], \quad \varepsilon_{\text{Fe}} = \varepsilon_{\text{Mn}} = \varepsilon$$

であるので，式 (1) は

$$\varepsilon = \varepsilon_{\text{Fe}}^0 - 0.0591 \log_{10}\left(\frac{[\text{Fe}^{2+}]}{[\text{Fe}^{3+}]}\right) \quad (3)$$

式 (2) は

$$\varepsilon = \varepsilon_{\text{Mn}}^0 - \frac{0.0591}{5} \log_{10}\left(\frac{[\text{Fe}^{3+}]}{([\text{Fe}^{2+}][\text{H}^+]^8)}\right)$$

$$= \varepsilon_{\text{Mn}}^0 + \frac{0.0591}{5} \log_{10}\left(\frac{[\text{Fe}^{2+}]}{[\text{Fe}^{3+}]}\right) + \frac{0.0591}{5} \log_{10}[\text{H}^+]^8 \quad (4)$$

式 (3), (4) より $\log_{10}([\text{Fe}^{2+}]/[\text{Fe}^{3+}])$ を消去すると

$$6\varepsilon = \varepsilon_{\text{Fe}}^0 + 5\varepsilon_{\text{Mn}}^0 + 0.0591 \log_{10}[\text{H}^+]^8$$

が得られる．したがって，当量点での起電力 ε は次式で与えられる．

$$\varepsilon = \frac{\varepsilon_{\text{Fe}}^0 + 5\varepsilon_{\text{Mn}}^0}{6} + \frac{0.0591}{6} \log_{10}[\text{H}^+]^8$$

41 M の原子量を X とすると，M は $M^{2+} + 2e^- \longrightarrow M$ の変化より，$(1.845/X)$ mol 析出したことになる．いま，反応式より，電気量 9.65×10^4 C で $1/2$ mol の M が析出するので，流した電気量が $5.00 \times 10.0 \times 60 = 3.00 \times 10^3$ C であるから，

$$9.65 \times 10^4 \times \frac{1.845}{X} = \frac{1}{2} \times 3.00 \times 10^3$$

これを解くと M の原子量は 119 となる．

42 (a) Cu^{2+} には d 電子が 9 個，八面体型錯体であるので

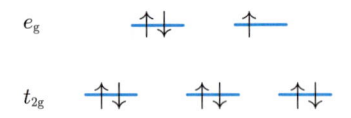

e_g ↑↓ ↑

t_{2g} ↑↓ ↑↓ ↑↓

全スピン量子数：$1/2$
結晶場安定化エネルギー：$6 \times (-2/5)\Delta_o + 3 \times (+3/5)\Delta_o = (-3/5)\Delta_o$

(b) Cd^{2+} には d 電子が 10 個，八面体型錯体であるので

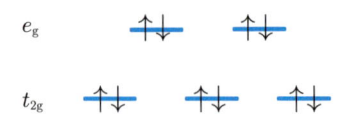

e_g ↑↓ ↑↓

t_{2g} ↑↓ ↑↓ ↑↓

全スピン量子数：0
結晶場安定化エネルギー：$6 \times (-2/5)\Delta_o + 4 \times (+3/5)\Delta_o = 0$

43 全角運動量 J，合成軌道角運動量 L，合成スピン角運動量 S の間には，d 電子の場合は電子数が 4 個，f 電子の場合は 6 個までは $J = |L - S|$，d 電子の場合は電子数が 6 個以上，f 電子の場合は 8 個以上では $J = L + S$ となる．g 因子の計算は，与えられた式を用いて表を完成すると以下のようになる．

総合演習問題の解答

表1　3d 遷移金属イオン

金属イオン	不対電子数	L	S	J	g 因子
Ti^{3+}, V^{4+}	1	2	1/2	3/2	4/5
Ti^{2+}, V^{3+}	2	3	1	2	2/3
Cr^{3+}, Mn^{4+}	3	3	3/2	3/2	2/5
Cr^{2+}, Mn^{3+}	4	2	2	0	—
Mn^{2+}, Fe^{3+}	5	0	5/2	5/2	2
Fe^{2+}, Co^{3+}	4	2	2	4	3/2
Co^{2+}	3	3	3/2	9/2	4/3
Ni^{2+}	2	3	1	4	5/4
Cu^{2+}	1	2	1/2	5/2	6/5
Cu^{+}	0	0	0	0	—

表2　希土類元素の3価イオン

金属イオン	不対電子数	L	S	J	g 因子
La^{3+}	0	0	0	0	—
Ce^{3+}	1	3	1/2	5/2	6/7
Pr^{3+}	2	5	1	4	4/5
Nd^{3+}	3	6	3/2	9/2	8/11
Pm^{3+}	4	6	2	4	3/5
Sm^{3+}	5	5	5/2	5/2	2/7
Eu^{3+}	6	3	3	0	—
Gd^{3+}	7	0	7/2	7/2	2
Tb^{3+}	6	3	3	6	3/2
Dy^{3+}	5	5	5/2	15/2	4/3
Ho^{3+}	4	6	2	8	5/4
Er^{3+}	3	6	3/2	15/2	6/5
Tm^{3+}	2	5	1	6	4/3
Yb^{3+}	1	3	1/2	7/2	8/7
Lu^{3+}	0	0	0	0	—

44　4配位錯体には，四面体型配置と平面正方型配置の2つの立体構造が予想される．四面体型配置と平面正方型配置でのd軌道の分裂状態を以下に示す．

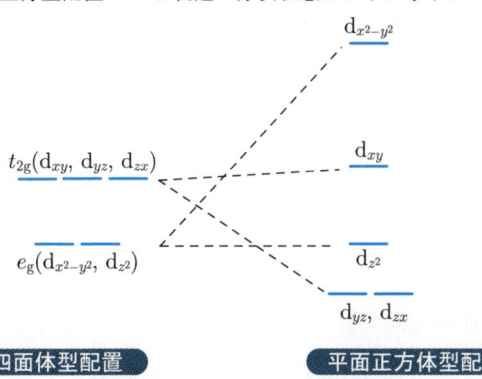

$d_{x^2-y^2}$

$t_{2g}(d_{xy}, d_{yz}, d_{zx})$　　　　d_{xy}

$e_g(d_{x^2-y^2}, d_{z^2})$　　　　d_{z^2}

d_{yz}, d_{zx}

四面体型配置　　　　平面正方体型配置

Ni^{2+} イオンには 3d 電子の数が 8 個あるので，四面体型配置の場合では，e_g に 6 個，t_{2g} に 2 個入る．t_{2g} の 2 個はフントの規則により不対電子となる．したがって，錯体 $[Ni(CN)_4]^{2-}$ は，四面体型構造をとるとすれば，常磁性とならなければならない．一方，平面正方型配置の場合では，$d_{yz}, d_{zx}, d_{z^2}, d_{xy}$ に 2 個ずつ電子が入れば，不対電子の数は 0 個となり，反磁性が説明される．よって，錯体 $[Ni(CN)_4]^{2-}$ の構造は平面正方型構造と予想される．

【参考】 いま，八面体型構造と平面正方型構造との関連から，d 軌道の分裂状態を考えてみよう．八面体型構造をもつ錯体 ML_6（M：中心金属，L：配位子）の z 軸にある 2 つの L を M から次第に遠ざけると，d_{z^2} 軌道は配位子の影響を徐々に受けなくなるため d_{z^2} 軌道が受ける静電的な反発は $d_{x^2-y^2}$ のそれより小さくなってくる．すなわち，$d_{x^2-y^2}$ と d_{z^2} の縮退は解けることになる．八面体配置の z 軸にある 2 つ L が完全に離れたとき平面正方型配置となるので，この変化に対応する d 軌道の分裂状態を概略で示すと下図のようになる．

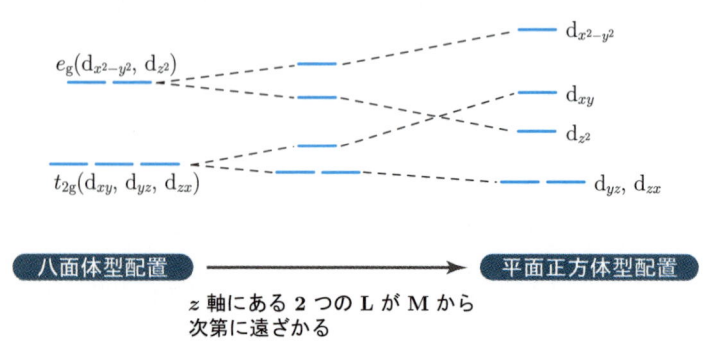

45

金属イオン M^{2+} の全濃度のうちに占める金属イオン M^{2+} の割合 R は，第 7 章例題 4 にならって

$$R = \frac{100}{1 + K_1[L^{2-}] + K_2[L^{2-}]^2}$$

で与えられる．したがって，$[L^{2-}]$ に 1.0×10^{-1}，R に 58.8 を，$[L^{2-}]$ に 5.0×10^{-2}，R に 90.9 を代入した 2 つの方程式から K_1, K_2 を求めると

$$K_1 = 5.0, \quad K_2 = 20$$

が得られる．

46

錯体 $CdSO_4$ の安定度定数は 10 であるので

$$\frac{[CdSO_4]}{[Cd^{2+}][SO_4^{2-}]} = 10 \tag{1}$$

Cd(II) についての物質のバランスは

$$[Cd(II)]_{total} = [Cd^{2+}] + [CdSO_4] \tag{2}$$

SO_4^{2-} についての物質のバランスは

$$[SO_4^{2-}]_{total} = [SO_4^{2-}] + [CdSO_4] \tag{3}$$

式 (2) より

$$[CdSO_4] = [Cd(II)]_{total} - [Cd^{2+}] \tag{4}$$

式 (3), (4) より

$$[SO_4^{2-}] = [SO_4^{2-}]_{total} - [CdSO_4] = [SO_4^{2-}]_{total} - ([Cd(II)]_{total} - [Cd^{2+}])$$
$$= [SO_4^{2-}]_{total} - [Cd(II)]_{total} + [Cd^{2+}] \tag{5}$$

式 (4), (5) を式 (1) に入れると

$$\frac{[Cd(II)]_{total} - [Cd^{2+}]}{[Cd^{2+}]([SO_4^{2-}]_{total} - [Cd(II)]_{total} + [Cd^{2+}])} = 10$$

この式に

$$[Cd(II)]_{total} = 1.0 \times 10^{-1}, \quad [SO_4^{2-}]_{total} = 1.0 \times 10^{-1} + 2.0 \times 10^{-1} = 3.0 \times 10^{-1}$$

を入れて得られる $[Cd^{2+}]$ についての二次方程式を解くと

$$[Cd^{2+}] = 3.0 \times 10^{-2} \, (\text{mol}\, l^{-1})$$

となる.

47 AL の溶解度積は $K_{sp}(AL)$ であるので

$$[A^{2+}][L^{2-}] = K_{sp}(AL) \tag{1}$$

A の全量を $[A(II)]_{total}$ とすると

$$[A(II)]_{total} = [A^{2+}] + [AL] + [AL_2^{2-}] \tag{2}$$

また,それぞれの錯体の安定度定数を K_1, K_2 なので

$$\frac{[AL]}{[A^{2+}][L^{2-}]} = K_1 \tag{3}$$

$$\frac{[AL_2^{2-}]}{[A^{2+}][L^{2-}]^2} = K_2 \tag{4}$$

式 (1) より

$$[A^{2+}] = K_{sp}(AL)/[L^{2-}] \tag{5}$$

式 (3) と (5) より

$$[AL] = K_1[A^{2+}][L^{2-}] = K_1 \frac{K_{sp}(AL)}{[L^{2-}]}[L^{2-}] = K_1 K_{sp}(AL) \tag{6}$$

式 (4) と (5) より

$$[\mathrm{AL}_2{}^{2-}] = K_2[\mathrm{A}^{2+}][\mathrm{L}^{2-}]^2 = K_2\frac{K_\mathrm{sp}(\mathrm{AL})}{[\mathrm{L}^{2-}]}[\mathrm{L}^{2-}]^2 = K_2 K_\mathrm{sp}(\mathrm{AL})[\mathrm{L}^{2-}] \tag{7}$$

式 (5), (6), (7) を式 (2) に入れると

$$[\mathrm{A(II)}]_\mathrm{total} = \frac{K_\mathrm{sp}(\mathrm{AL})}{[\mathrm{L}^{2-}]} + K_1 K_\mathrm{sp}(\mathrm{AL}) + K_2 K_\mathrm{sp}(\mathrm{AL})[\mathrm{L}^{2-}]$$

これを整理して

$$[\mathrm{A(II)}]_\mathrm{total} = \frac{K_\mathrm{sp}(\mathrm{AL})}{[\mathrm{L}^{2-}]}(1 + K_1[\mathrm{L}^{2-}] + K_2[\mathrm{L}^{2-}]^2)$$

となる.

48 錯体形成反応:

$$\mathrm{AgCl} + 2\mathrm{NH}_3 \longrightarrow \mathrm{Ag(NH_3)_2}^+ + \mathrm{Cl}^-$$

錯体 $\mathrm{Ag(NH_3)_2}^+$ の安定度定数は

$$\frac{[\mathrm{Ag(NH_3)_2}^+]}{[\mathrm{Ag}^+][\mathrm{NH}_3]^2} = 1.7 \times 10^7 \tag{1}$$

AgCl の溶解度積は

$$[\mathrm{Ag}^+][\mathrm{Cl}^-] = 1.8 \times 10^{-10} \tag{2}$$

いま,$[\mathrm{Cl}^-] = 0.010$ より

$$[\mathrm{Ag}^+] = 1.8 \times 10^{-8}$$

Ag についての物質のバランスは

$$0.010 = [\mathrm{Ag}^+] + [\mathrm{Ag(NH_3)}^+] + [\mathrm{Ag(NH_3)_2}^+]$$

$\mathrm{Ag(NH_3)}^+$ の形成は無視できるので

$$0.010 = [\mathrm{Ag}^+] + [\mathrm{Ag(NH_3)_2}^+] \tag{3}$$

式 (3) と $[\mathrm{Ag}^+] = 1.8 \times 10^{-8}$ より

$$[\mathrm{Ag(NH_3)_2}^+] = 0.010 - 1.8 \times 10^{-8} \approx 0.010$$

式 (1) と $[\mathrm{Ag}^+] = 1.8 \times 10^{-8}$, $[\mathrm{Ag(NH_3)_2}^+] = 0.010$ より

$$[\mathrm{NH}_3]^2 = \frac{0.010}{1.7 \times 10^7 \times 1.8 \times 10^{-8}}, \quad [\mathrm{NH}_3] = 0.18$$

ここで,NH_3 についての物質のバランスは

$$[\mathrm{NH}_3]_\mathrm{total} = [\mathrm{NH}_3] + [\mathrm{NH_4}^+] + [\mathrm{Ag(NH_3)}^+] + 2[\mathrm{Ag(NH_3)_2}^+]$$

$\mathrm{Ag(NH_3)}^+$, $\mathrm{NH_4}^+$ の形成は無視できるので

$$[\mathrm{NH}_3]_\mathrm{total} = [\mathrm{NH}_3] + 2[\mathrm{Ag(NH_3)_2}^+] \tag{4}$$

したがって，式 (4) と $[Ag(NH_3)_2^+] = 0.010$, $[NH_3] = 0.18$ より

$$[NH_3]_{total} = 0.18 + 2 \times 0.010 = 0.20 \text{ (mol)}$$

となる．

49 標準電極電位を用いて

反応：$F_2 + H_2O \longrightarrow (1/2)O_2 + 2H^+ + 2F^-$

の自由エネルギー ΔG を求める．

反応：$(1/2)O_2 + 2H^+ + 2e^- \longrightarrow H_2O$, $F_2 + 2e^- \longrightarrow 2F^-$

の自由エネルギーを，それぞれ ΔG_1, ΔG_2 とすると

$$\Delta G = \Delta G_1 - \Delta G_2$$
$$\Delta G_1 = -2 \times F \times 2.85 \quad (F \text{ はファラデー定数；} 9.65 \times 10^4 \text{ C})$$
$$\Delta G_2 = -2 \times F \times 1.23$$

したがって，ΔG は

$$\Delta G = -2 \times F \times 2.85 - (-2 \times F \times 1.23)$$
$$= -3.24 \times F = -3.24 \times 9.65 \times 10^4$$
$$= -3.13 \times 10^5 \text{ (J)}$$

$\Delta G < 0$ より，フッ素は水と反応して酸素を発生させる．

50 **(1)** 炭酸ナトリウムと塩酸の反応は，反応式 (1), (2) のように 2 段階で進行する．

$$Na_2CO_3 + HCl \longrightarrow NaCl + NaHCO_3 \tag{1}$$
$$NaHCO_3 + HCl \longrightarrow NaCl + H_2O + CO_2 \tag{2}$$

合わせると

$$Na_2CO_3 + 2HCl \longrightarrow 2NaCl + H_2O + CO_2 \tag{3}$$

(2) $0.10 \text{ mol } l^{-1}$ HCl を v ml 加えるとする（問題 **31** 参照）．

$$K_{a1} = \frac{[HCO_3^-][H_3O^+]}{[H_2CO_3]} = 10^{-6.35}$$

$$K_{a2} = \frac{[H_3O^+][CO_3^{2-}]}{[HCO_3^-]} = 10^{-10.33}$$

$$K_w = [H_3O^+][OH^-] = 10^{-14}$$

物質のバランス：$[H_2CO_3] + [HCO_3^-] + [CO_3^{2-}] = [CO_3^{2-}]_{total}$ (1)

電荷のバランス：$[H_3O^+] + [Na^+] = [HCO_3^-] + 2[CO_3^{2-}] + [OH^-] + [Cl^-]$ (2)

式 (1) は

$$\frac{[\mathrm{HCO_3^-}][\mathrm{H_3O^+}]}{K_{a1}} + [\mathrm{HCO_3^-}] + \frac{K_{a2}[\mathrm{HCO_3^-}]}{[\mathrm{H_3O^+}]} = [\mathrm{CO_3^{2-}}]_{\mathrm{total}}$$

$$[\mathrm{HCO_3^-}]\left(\frac{[\mathrm{H_3O^+}]}{K_{a1}} + 1 + \frac{K_{a2}}{[\mathrm{H_3O^+}]}\right) = [\mathrm{CO_3^{2-}}]_{\mathrm{total}} \quad (3)$$

式 (2) は

$$[\mathrm{H_3O^+}] + [\mathrm{Na^+}] - \frac{K_w}{[\mathrm{H_3O^+}]} - [\mathrm{Cl^-}] = [\mathrm{HCO_3^-}] + \frac{2K_{a2}[\mathrm{HCO_3^-}]}{[\mathrm{H_3O^+}]}$$

$$= [\mathrm{HCO_3^-}]\left(1 + \frac{2K_{a2}}{[\mathrm{H_3O^+}]}\right) \quad (4)$$

となる. 式 (3), (4) より $[\mathrm{HCO_3^-}]$ を消去して整理すると

$$\frac{[\mathrm{H_3O^+}]^2}{K_{a1}} + [\mathrm{H_3O^+}]\left(1 + \frac{[\mathrm{Na^+}] - [\mathrm{Cl^-}]}{K_{a1}}\right)$$

$$+ \left(K_{a2} + [\mathrm{Na^+}] - [\mathrm{Cl^-}] - [\mathrm{CO_3^{2-}}]_{\mathrm{total}} - \frac{K_w}{K_{a1}}\right)$$

$$+ \frac{K_{a2}([\mathrm{Na^+}] - [\mathrm{Cl^-}] - 2[\mathrm{CO_3^{2-}}]_{\mathrm{total}}) - K_w}{[\mathrm{H_3O^+}]} - \frac{K_{a2}K_w}{[\mathrm{H_3O^+}]^2} = 0 \quad (5)$$

ここで

$$1 \ll \frac{[\mathrm{Na^+}] - [\mathrm{Cl^-}]}{K_{a1}}, \quad K_{a2} - \frac{K_w}{K_{a1}} \ll [\mathrm{Na^+}] - [\mathrm{Cl^-}] - [\mathrm{CO_3^{2-}}]_{\mathrm{total}}$$

よって, 式 (5) は

$$\frac{[\mathrm{H_3O^+}]^2}{K_{a1}} + [\mathrm{H_3O^+}]\frac{[\mathrm{Na^+}] - [\mathrm{Cl^-}]}{K_{a1}} + ([\mathrm{Na^+}] - [\mathrm{Cl^-}] - [\mathrm{CO_3^{2-}}]_{\mathrm{total}})$$

$$+ \frac{K_{a2}([\mathrm{Na^+}] - [\mathrm{Cl^-}] - 2[\mathrm{CO_3^{2-}}]_{\mathrm{total}}) - K_w}{[\mathrm{H_3O^+}]} - \frac{K_{a2}K_w}{[\mathrm{H_3O^+}]^2} = 0$$

この式に

$$[\mathrm{Na^+}] = \frac{2 \times 0.10 \times 50}{50 + v}, \quad [\mathrm{Cl^-}] = \frac{0.10 \times v}{50 + v}, \quad [\mathrm{CO_3^{2-}}]_{\mathrm{total}} = \frac{0.10 \times 50}{50 + v}$$

を代入して整理すると

$$\left(\frac{[\mathrm{H_3O^+}]^2}{K_{a1}} - \frac{0.10[\mathrm{H_3O^+}]}{K_{a1}} - 0.10 - \frac{0.10K_{a2} + K_w}{[\mathrm{H_3O^+}]} - \frac{K_{a2}K_w}{[\mathrm{H_3O^+}]^2}\right)v$$

$$= -\left(\frac{50[\mathrm{H_3O^+}]^2}{K_\mathrm{a1}} + \frac{10[\mathrm{H_3O^+}]}{K_\mathrm{a1}} + 5.0 - \frac{50K_\mathrm{w}}{[\mathrm{H_3O^+}]} - \frac{50K_\mathrm{a2}K_\mathrm{w}}{[\mathrm{H_3O^+}]^2}\right) \tag{6}$$

が得られる．式 (6) は，$[\mathrm{H_3O^+}]$ に関しては 4 次式であるが，v に関しては 1 次式である．したがって，滴定曲線は，$[\mathrm{H_3O^+}]$ すなわち pH を与えて v を求めて描く方が楽である．式 (6) を v について解いて

$$v = -\frac{\dfrac{50[\mathrm{H_3O^+}]^2}{K_\mathrm{a1}} + \dfrac{10[\mathrm{H_3O^+}]}{K_\mathrm{a1}} + 5.0 - \dfrac{50K_\mathrm{w}}{[\mathrm{H_3O^+}]} - \dfrac{50K_\mathrm{a2}K_\mathrm{w}}{[\mathrm{H_3O^+}]^2}}{\dfrac{[\mathrm{H_3O^+}]^2}{K_\mathrm{a1}} - \dfrac{0.10[\mathrm{H_3O^+}]}{K_\mathrm{a1}} - 0.10 - \dfrac{0.10K_\mathrm{a2} + K_\mathrm{w}}{[\mathrm{H_3O^+}]} - \dfrac{K_\mathrm{a2}K_\mathrm{w}}{[\mathrm{H_3O^+}]^2}} \tag{7}$$

式 (7) に $K_\mathrm{a1} = 4.46 \times 10^{-7}$，$K_\mathrm{a2} = 4.68 \times 10^{-11}$，$K_\mathrm{w} = 10^{-14}$ を入れて，下の表を完成させる．

pH	v (ml)	pH	v (ml)
11.0	8.25	6.0	84.6
10.5	20.0	5.5	93.8
10.0	34.0	5.0	97.9
9.5	43.6	4.5	99.4
9.0	47.9	4.0	99.9
8.5	49.6	3.5	100
8.0	50.9	3.0	101
7.5	53.2	2.5	105
7.0	59.1	2.0	117
6.5	70.7	1.8	128

$v = 0$ のときの pH を調べてみよう．式 (6) より

$$\frac{50[\mathrm{H_3O^+}]^2}{K_\mathrm{a1}} + \frac{10[\mathrm{H_3O^+}]}{K_\mathrm{a1}} + 5.0 - \frac{50K_\mathrm{w}}{[\mathrm{H_3O^+}]} - \frac{50K_\mathrm{a2}K_\mathrm{w}}{[\mathrm{H_3O^+}]^2} = 0 \tag{8}$$

表より，$v = 0$ のときの pH は 11 より大きいことが分かる．すなわち，$[\mathrm{H_3O^+}] < 10^{-11}$ である．このとき，$50[\mathrm{H_3O^+}]^2/K_\mathrm{a1}$，$10[\mathrm{H_3O^+}]/K_\mathrm{a1}$ はいずれも小さいことから，式 (8) は

$$1.0 - \frac{10K_\mathrm{w}}{[\mathrm{H_3O^+}]} - \frac{10K_\mathrm{a2}K_\mathrm{w}}{[\mathrm{H_3O^+}]^2} = 0$$

これを解いて

$$[\mathrm{H_3O^+}] = 2.21 \times 10^{-12}$$

よって，$v = 0$ のときの pH は 11.7 となる．

上に得られた表を，縦軸に pH，横軸に v，すなわち HCl の滴定量 (ml) をとってグラフにすると以下のような滴定曲線が得られる．

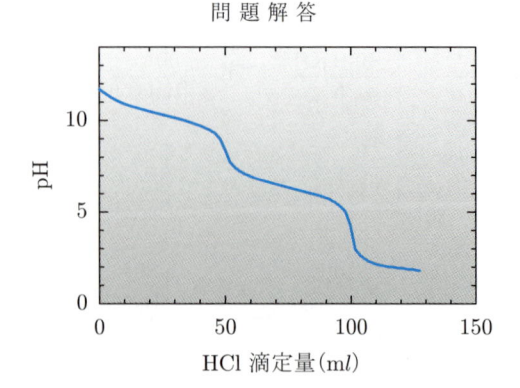

(3) (a) ともに白色

(b) 25℃における炭酸ナトリウムの溶解度は 29.4 g/100 g 水, 炭酸水素ナトリウムの溶解度は 10.3 g/100 g 水である.

(c) 水溶液はともにアルカリ性を示すが, 炭酸水素ナトリウム水溶液の方が弱いアルカリ性である. いま, ともに $0.1\,\mathrm{mol}\,l^{-1}$ の水溶液の pH を比較すると, 炭酸ナトリウム水溶液の pH は上の問 **50** の **(2)** で求めたように, 11.7 であるが, 炭酸水素ナトリウム水溶液は, 問 **26** の式 $[\mathrm{H_3O^+}]^2 = K_{a1}K_{a2}$ を使って, $(\mathrm{p}K_{a1} + \mathrm{p}K_{a2})/2 = 8.34$ となる.

(d) 炭酸ナトリウムは熱に安定であり, 融点は 852℃である. 一方, 炭酸水素ナトリウムは次のように熱分解する.

$$2\mathrm{NaHCO_3} \longrightarrow \mathrm{Na_2CO_3} + \mathrm{CO_2} + \mathrm{H_2O}$$

この反応は, 炭酸ナトリウムを製造するアンモニアソーダ法に用いられている.

51

イ: α 壊変であるので, 質量数 $232 - 4 = 228$, 原子番号 $90 - 2 = 88$
　　原子番号 88 より元素は Ra, 　よって, $^{228}_{88}\mathrm{Ra}$

ロ: β^- 壊変であるので, 質量数は変化なし, 原子番号 $88 + 1 = 89$
　　原子番号 89 より元素は Ac, 　よって, $^{228}_{89}\mathrm{Ac}$

ハ: ロと同様に考えて, $^{228}_{90}\mathrm{Th}$

ニ: イと同様に考えて, $^{224}_{88}\mathrm{Ra}$

ホ: イと同様に考えて, $^{220}_{86}\mathrm{Rn}$

ヘ: イと同様に考えて, $^{216}_{84}\mathrm{Po}$

ト: ロと同様に考えて, $^{216}_{85}\mathrm{At}$

チ: イと同様に考えて, $^{212}_{82}\mathrm{Pb}$

リ: α 壊変ではイと同様に, β^- 壊変ではロと同様に考えて, $^{212}_{83}\mathrm{Bi}$

ヌ： ロと同様に考えて, $^{212}_{84}$Po

ル： イと同様に考えて, $^{208}_{81}$Tl

■52■ 酸性溶液中での MO_2^+ (M はアクチノイド) イオンの安定度は, MO_2^+ の不均化反応のしやすさの程度で決まる. まず, 不均化反応式を書く. 反応式は MO_2^{2+}/MO_2^+ 対と MO_2^+/M^{4+} 対の電極反応から e^- を消去すれば得られる.
MO_2^{2+}/MO_2^+ 対の電極反応は

$$MO_2^{2+} + e^- \rightleftarrows MO_2^+$$

MO_2^+/M^{4+} 対の電極反応は

$$MO_2^+ + 4H^+ + e^- \rightleftarrows M^{4+} + 2H_2O$$

この 2 つの電極反応から e^- を消去すると, 不均化反応式が書ける.

$$2MO_2^+ + 4H^+ \rightleftarrows M^{4+} + MO_2^{2+} + 2H_2O$$

この平衡定数 K は, ネルンストの式より次式で求められる.

$$\log_{10} K = \frac{\varepsilon^0(MO_2^+/M^{4+}) - \varepsilon^0(MO_2^{2+}/MO_2^+)}{0.0591}$$

ここで, $\varepsilon^0(MO_2^+/M^{4+})$, $\varepsilon^0(MO_2^{2+}/MO_2^+)$ は, それぞれ MO_2^+/M^{4+} 対, MO_2^{2+}/MO_2^+ 対の標準還元電極電位である. この平衡定数を求める式を使って, 各不均化反応の平衡定数を求める.

$$2UO_2^+ + 4H^+ \rightleftarrows U^{4+} + UO_2^{2+} + 2H_2O$$

の平衡定数 $K(U)$ は

$$\log_{10} K(U) = \frac{0.58 - 0.06}{0.0591} = 8.8$$

$$K(U) = 6.5 \times 10^8$$

$$2NpO_2^+ + 4H^+ \rightleftarrows Np^{4+} + NpO_2^{2+} + 2H_2O$$

の平衡定数 $K(Np)$ は

$$\log_{10} K(Np) = \frac{0.74 - 1.14}{0.0591} = -6.8$$

$$K(Np) = 1.6 \times 10^{-7}$$

$$2PuO_2^+ + 4H^+ \rightleftarrows Pu^{4+} + PuO_2^{2+} + 2H_2O$$

の平衡定数 $K(Pu)$ は

$$\log_{10} K(Pu) = \frac{1.17 - 0.91}{0.0591} = 4.4$$

$$K(Pu) = 2.5 \times 10^4$$

これらの平衡定数を比較すると，UO_2^+, NpO_2^+, PuO_2^+ の安定度は $UO_2^+ < PuO_2^+ <$ NpO_2^+ の順となる．

53 放射性同位元素の壊変の式は，次のように表される．

$$-dN/dt = \lambda N$$

あるいは，この式を積分した

$$N = N_0 e^{-\lambda t}$$

いま，$N/N_0 = 1/10$, $t = 10$ を代入して，壊変定数 λ を求める．

$$1/10 = e^{-10\lambda}$$

これより

$$\lambda = 2.3 \times 10^{-1} \, (\text{hr}^{-1})$$

また，壊変定数 λ と半減期 $T_{1/2}$ の間には

$$T_{1/2} = 0.693/\lambda$$

の関係があるので，半減期 $T_{1/2}$ は

$$T_{1/2} = \frac{0.693}{\lambda} = \frac{0.693}{2.3 \times 10^{-1}} = 3.0 \, (\text{hr})$$

と計算される．

54 大気中の $^{14}C/^{12}C = N_0$, 木片中の $^{14}C/^{12}C = N$ とし，その木片が t 年前のものだとすると

$$N = N_0 e^{-\lambda t} \quad (\lambda \text{ は壊変定数})$$

変形して

$$N/N_0 = e^{-\lambda t}$$

この式の両辺の自然対数をとると

$$t = (1/\lambda) \log_e(N_0/N)$$

いま，半減期 $T_{1/2}$ と壊変定数 λ との間には次の関係があるので

$$T_{1/2} = 0.693/\lambda = 5730, \quad \lambda = 0.693/5730$$

よって

$$t = (5730/0.693) \log_e\{1/(1/3)\} = 9084 \, (\text{年})$$

今年は 2007 年であるので

$$2007 - 9084 = 7077$$

したがって，この木片の年代は，紀元前 7077 年と計算される．

索　引

あ　行

アービング-ウィリアムズ系
　列　50
アクチノイド元素　41
アクチノイド収縮　41
アモルファス　16
アルカリ金属　36
アルカリ土類金属　36
安定度定数　50
イオン化ポテンシャル　7
イオン結合　9
陰極　34
ウィルキンソン錯体　39
ウルツ鉱型構造　19
塩化カドミウム型構造
　19
塩化セシウム型構造　18
塩化ナトリウム型構造
　18
塩基　25
塩基解離定数　26
オクテット説　9

か　行

外圏型機構　50
会合機構　50
壊変定数　42
解離機構　50
核子　1
加水分解定数　27
過電圧　34
希ガス　37

起電力　31
軌道　3
希土類元素　41
逆スピネル　19
逆ホタル石型構造　19
共役対　25
共有結合　9
極性分子　9
金属イオン置換反応　50
金属間化合物　18
金属結合　10
空間格子　16
結合エネルギー　1
結合性軌道　12
結晶系　16
結晶質固体　16
結晶場安定化エネルギー
　46
結晶場分裂　46
結晶場分裂エネルギー
　46
結晶場理論　46
原子　1
原子核　1
原子価結合法　9, 12
原子価理論　9
原子軌道法　12
原子質量　1
原子質量単位　1
原子スペクトル　5
原子番号　1
原子量　1
合金　18
格子エネルギー　22

格子定数　16
格子点　16
格子面　16
高スピン状態　46
構造因子　54
交替機構　50
固溶体　18
コランダム型構造　19
孤立電子対　25

さ　行

錯生成定数　50
酸　25
酸解離定数　26
酸化数　31
酸化レニウム型構造　19
三重水素　36
磁気モーメント　48
磁気量子数　3
軸角　16
軸率　16
質量欠損　1
質量数　1
重水素　36
ジュウテリウム　36
自由電子　10
縮重　3
縮退　3
主量子数　3
シュレーディンガーの波動方
　程式　3
笑気　37
侵入型合金　18
水素結合　10

索　引

水素類似原子　5
スピネル型構造　19
スピン量子数　3
正スピネル　19
生成定数　50
セン亜鉛鉱型構造　19
全安定度定数　50
遷移元素　39
双極子-双極子相互作用　10
双極子-誘起双極子相互作用　10
双極子モーメント　9

た　行

第1イオン化ポテンシャル　7
第3イオン化ポテンシャル　7
体心立方構造　18
第2イオン化ポテンシャル　7
単位格子　16
置換型合金　18
逐次安定度定数　50
低スピン状態　46
電荷移動吸収帯　48
電気陰性度　7
電気素量　1
電極電位　32
典型元素　36
電子　1
電子殻　3
電子供与体　10
電子受容体　10
電子親和力　7
電池　31
電離度　27
ド・ブロイ波　3
ド・ブロイ波長　3

な　行

同位体　1
同素体　37
当量　34
トリチウム　36
内圏型機構　50
ネルンストの式　32
濃淡電池　32

は　行

配位結合　10
配位子場理論　46
配向効果　10
パウリの排他律　7
八隅説　9
ハロゲン元素　37
反結合性軌道　12
半減期　42
ヒ化ニッケル型構造　18
非共有電子対　25
非晶質固体　16
標準状態　32
標準水素電極　32
標準電極電位　32
ファラデーの電気分解の法則　34
ファンデルワールス結合　10
フッ酸　37
物質波　3
フラーレン　37
ブラッグの反射条件　16
プランク定数　3
分極　9, 10
分光化学系列　48
分散力　10
分子軌道　12
分子軌道法　9, 12
フントの規則　7

平衡定数　32
ペロブスカイト型構造　19
方位量子数　3
ボーア磁子　48
ボーア半径　4
ホタル石型構造　19
ボルン-ハーバーサイクル　23

ま　行

マーデルング定数　22
ミラー指数　16
面間隔　16
面心立方構造　18

や　行

誘起効果　10
溶解度積　32
ヨウ化カドミウム型構造　19
陽極　34

ら　行

ランタノイド元素　41
ランタノイド収縮　41
立方最密充填　18
リュードベリ定数　5
ルイス塩基　25
ルイス酸　25
ルチル鉱型構造　19
六方最密充填　18

数字・欧字

1配位錯体　44
2配位錯体　44
3配位錯体　44

索　引

4 族元素　　39
4 配位錯体　　44
5 族元素　　39
5 配位錯体　　44
6 族元素　　39
6 配位錯体　　44
7 族元素　　39
7 配位以上の錯体　　44
8 族元素　　39
9 族元素　　39
10 族元素　　39
11 族元素　　39

α 壊変　　42
AO 法　　12

β^+ 壊変　　42
β^- 壊変　　42

d-d 遷移　　48
d^2sp^3 混成軌道　　14
dsp^2 混成軌道　　14
dsp^3 混成軌道　　14

g 因子　　61
g 係数　　48

MO 法　　12

p-ブロック　　36
π-π 吸収帯　　48
π 軌道　　12
π 結合　　14

s-ブロック　　36
$\sigma 1s$ 軌道　　12
$\sigma^* 1s$ 軌道　　12
σ 軌道　　12
σ 結合　　14
sp^3d^2 混成軌道　　14
sp^2 混成軌道　　14
sp^3 混成軌道　　14
sp 混成軌道　　14

VB 法　　12

X 線回折　　16

著者略歴

花田 禎一
(はなだ ていいち)

1970年　京都大学工学部卒業
　　　　京都大学工学部，教養部，総合人間学部を経て
現　在　京都大学大学院理学研究科教授
　　　　工学博士

主要著書
基礎 無機化学（サイエンス社）
セラミック工学ハンドブック【第2版】(共編集，技法堂出版)

新・演習物質科学ライブラリ＝5

基礎 無機化学演習

2008年2月10日 © 　　　　　初 版 発 行

著　者　花田禎一　　　発行者　木下敏孝
　　　　　　　　　　　印刷者　篠倉正信
　　　　　　　　　　　製本者　小高祥弘

発行所　株式会社 サイエンス社

〒151-0051　東京都渋谷区千駄ヶ谷1丁目3番25号
営業　☎ (03) 5474-8500（代）　振替 00170-7-2387
編集　☎ (03) 5474-8600（代）　FAX (03) 5474-8900

印刷　（株）ディグ　　　製本　小高製本工業（株）

《検印省略》
本書の内容を無断で複写複製することは，著作者および
出版者の権利を侵害することがありますので，その場合
にはあらかじめ小社あて許諾をお求め下さい．

ISBN978-4-7819-1189-2
PRINTED IN JAPAN

サイエンス社のホームページのご案内
http://www.saiensu.co.jp
ご意見・ご要望は
rikei@saiensu.co.jp まで．

原 子 量 表 (2005)

元素名	元素記号	原子番号	原子量
アインスタイニウム*	Es	99	
亜　　　　　鉛	Zn	30	65.409(4)
アクチニウム*	Ac	89	
アスタチン*	At	85	
アメリシウム*	Am	95	
アルゴン	Ar	18	39.948(1)
アルミニウム	Al	13	26.9815386(8)
アンチモン	Sb	51	121.760(1)
硫　　　　　黄	S	16	32.065(5)
イッテルビウム	Yb	70	173.04(3)
イットリウム	Y	39	88.90585(2)
イリジウム	Ir	77	192.217(3)
インジウム	In	49	114.818(3)
ウ　　ラ　　ン	U	92	238.02891(3)
ウンウンオクチウム*	Uuo	118	
ウンウンクアジウム*	Uuq	114	
ウンウントリウム*	Uut	113	
ウンウンビウム*	Uub	112	
ウンウンヘキシウム*	Uuh	116	
ウンウンペンチウム*	Uup	115	
エルビウム	Er	68	167.259(3)
塩　　　　　素	Cl	17	35.453(2)
オスミウム	Os	76	190.23(3)
カドミウム	Cd	48	112.411(8)
ガドリニウム	Gd	64	157.25(3)
カ　リ　ウ　ム	K	19	39.0983(1)
ガ　リ　ウ　ム	Ga	31	69.723(1)
カリホルニウム*	Cf	98	
カルシウム	Ca	20	40.078(4)
キセノン	Xe	54	131.293(6)
キュリウム*	Cm	96	
金	Au	79	196.966569(4)
銀	Ag	47	107.8682(2)
クリプトン	Kr	36	83.798(2)
ク　ロ　ム	Cr	24	51.9961(6)
ケ　イ　素	Si	14	28.0855(3)
ゲルマニウム	Ge	32	72.64(1)
コバルト	Co	27	58.933195(5)
サマリウム	Sm	62	150.36(2)
酸　　　　　素	O	8	15.9994(3)
ジスプロシウム	Dy	66	162.500(1)
シーボーギウム*	Sg	106	
臭　　　　　素	Br	35	79.904(1)
ジルコニウム	Zr	40	91.224(2)
水　　　　　銀	Hg	80	200.59(2)
水　　　　　素	H	1	1.00794(7)
スカンジウム	Sc	21	44.955912(6)
ス　　　　　ズ	Sn	50	118.710(7)
ストロンチウム	Sr	38	87.62(1)
セ シ ウ ム	Cs	55	132.9054519(2)
セ リ ウ ム	Ce	58	140.116(1)
セ　　レ　　ン	Se	34	78.96(3)
ダームスタチウム*	Ds	110	
タリウム	Tl	81	204.3833(2)
タングステン	W	74	183.84(1)
炭　　　　　素	C	6	12.0107(8)
タンタル	Ta	73	180.94788(2)
チ　　　　　タン	Ti	22	47.867(1)
窒　　　　　素	N	7	14.0067(2)
ツリウム	Tm	69	168.93421(2)
テクネチウム*	Tc	43	
鉄	Fe	26	55.845(2)
テルビウム	Tb	65	158.92535(2)
テルル	Te	52	127.60(3)
銅	Cu	29	63.546(3)
ドブニウム*	Db	105	
トリウム	Th	90	232.03806(2)
ナトリウム	Na	11	22.98976928(2)
鉛	Pb	82	207.2(1)
ニオブ	Nb	41	92.90638(2)
ニッケル	Ni	28	58.6934(2)
ネオジム	Nd	60	144.242(3)
ネ　　　　　オン	Ne	10	20.1797(6)
ネプツニウム*	Np	93	
ノーベリウム*	No	102	
バークリウム*	Bk	97	
白　　　　　金	Pt	78	195.084(9)
ハッシウム*	Hs	108	
バナジウム	V	23	50.9415(1)
ハフニウム	Hf	72	178.49(2)
パラジウム	Pd	46	106.42(1)
バリウム	Ba	56	137.327(7)
ビスマス*	Bi	83	208.98040(1)
ヒ　　　　　素	As	33	74.92160(2)
フェルミウム*	Fm	100	
フッ素	F	9	18.9984032(5)
プラセオジム	Pr	59	140.90765(2)
フランシウム*	Fr	87	
プルトニウム*	Pu	94	
プロトアクチニウム*	Pa	91	231.03588(2)
プロメチウム*	Pm	61	
ヘリウム	He	2	4.002602(2)
ベリリウム	Be	4	9.012182(3)
ホ　　ウ　　素	B	5	10.811(7)
ボーリウム*	Bh	107	
ホルミウム	Ho	67	164.93032(2)
ポロニウム*	Po	84	
マイトネリウム*	Mt	109	
マグネシウム	Mg	12	24.3050(6)
マンガン	Mn	25	54.938045(5)
メンデレビウム*	Md	101	
モリブデン	Mo	42	95.94(2)
ユウロピウム	Eu	63	151.964(1)
ヨ　　　　　ウ素	I	53	126.90447(3)
ラザホージウム*	Rf	104	
ラジウム*	Ra	88	
ラ　　ド　　ン*	Rn	86	
ランタン	La	57	138.90547(7)
リ チ ウ ム	Li	3	[6.941(2)]*
リ　　　　　ン	P	15	30.973762(2)
ルテチウム	Lu	71	174.967(1)
ルテニウム	Ru	44	101.07(2)
ルビジウム	Rb	37	85.4678(3)
レニウム	Re	75	186.207(1)
レントゲニウム*	Rg	111	
ロジウム	Rh	45	102.90550(2)
ローレンシウム*	Lr	103	